Hannelore Grimm und Isabella Lauer

Katzen

Richtig halten und verstehen

Wg Raffaelgasse

KOSMOS

Lernen Sie Ihre Katze besser verstehen

So bleibt Ihre Katze gesund und fit

Körper, Geist und Sinne

Angeborenes Verhalten

Kommunikation und Verhalten

Wie Aufzuchtbedingungen Katzen prägen

Eine Katze

soll es sein

Katzen sind faszinierende Tiere, die schon seit Jahrtausenden in der Nähe des Menschen leben. Doch bevor Sie sich selbst einen Stubentiger ins Haus holen, sollten Sie sich über einige Dinge klar werden, damit die Freude über den neuen Mitbewohner ungetrübt sein wird.

Woher stammen unsere Katzen?

Ursprünglich stammen alle unsere geliebten Samtpfoten von der im Nahen Osten lebenden Falbkatze ab. Man vermutet, dass sich diese wilde Kleinkatze dort, ca. 4000 Jahre vor Christi Geburt, in Dörfern und Gehöften den Menschen annäherte.

Die Katze vom Nil Um 2500 v. Chr. stammen dann die ersten entscheidenden Hinweise der Domestikation der Katze aus Ägypten. Zu dieser Zeit begann man dort an den Ufern des Nils und zwischen Euphrat und Tigris vermehrt Getreide anzubauen und zu lagern. Sehr zur Freude von Mäusen und Ratten, die wie im Schlaraffenland lebten und fleißig Nachwuchs bekamen. Damit war für die Katze reichlich leicht zu jagende Nahrung vorhanden. Von den Ägyptern wurde diese Hilfe über alles geschätzt, die Katze wurde göttlich verehrt, nach ihrem Tod einbalsamiert und wie ein Mensch aufwändig bestattet. Sie wurde sogar so weit beschützt, dass die Tötung einer Katze mit der Todesstrafe geahndet wurde.

Wildkatze – die wilde Verwandte unserer Hauskatze

Ein Katze als Mitbewohner bedeutet für viele Menschen eine Steigerung der Lebensqualität.

Der Weg nach Europa Ausländischen Händlern gelang es, trotz der drastischen Strafen, dieses bestens behütete heilige Tier aus Ägypten herauszuschmuggeln.
Nachdem die Katze zuerst in den Ländern rund um das Mittelmeer heimisch wurde, verbreitete sie sich schließlich nach und nach über den gesamten Erdball.
Die Römer brachten wohl die ersten Katzen nach Europa, wo sie sich wahrscheinlich mit einheimischen Wildkatzen paarten, weshalb unsere europäischen Katzen den etwas schwereren Körperbau und das auffälligere Tabbymuster (Streifenzeichnung) bekamen.

Finsteres Mittelalter Zunächst wurde auch in Europa die Katze noch als Mäusefängerin geschätzt, jedoch begann im Mittelalter eine lange Leidenszeit für die Katzen. Sie galten als Satanstiere und typische Begleiter von Hexen, mit denen sie dann auch gefoltert und verbrannt wurden.
Vielleicht verdanken die Katzen ihr Überleben in dieser feindlichen Zeit ihrer Fruchtbarkeit oder ihrer Intelligenz. Auf jeden Fall kam die Zeit, in der Katzen wieder geschätzt wurden, diesmal nicht als heiliges Tier, sondern als ein liebenswertes Haustier. Und das nützliche Mäusefangen hatten sie ja trotz allem nicht verlernt.

Katzen und Menschen

„Wer eine Katze hat, braucht das Alleinsein nicht zu fürchten", schrieb Daniel Defoe vor ca. 300 Jahren. Katzen sind die idealen Lebensgefährten für Familien sowie für junge und ältere Singles. Sie sind anpassungsfähig, man kann sie gut in der Wohnung halten und gelegentlich auch über einen gewissen Zeitraum allein lassen.

Lieblingsbeschäftigung Die meiste Zeit verbringt eine Katze schlafend; danach putzt sie sich und gespielt wird auch gerne. Das macht natürlich zu zweit mehr Spaß und erspart dem Besitzer ein schlechtes Gewissen.

Beliebt und anpassungsfähig Ungefähr sieben Millionen Katzen sollen in deutschen Haushalten leben und somit hat die Katze dem Hund den ersten Rang als Lieblingshaustier abgelaufen. Immer mehr Menschen arbeiten den ganzen Tag und haben somit gar keine Zeit für einen Hund, mit dem man Gassi gehen muss und den man nicht den ganzen Tag allein lassen kann. Sehr viel unproblematischer sind da die Katzen. Sie können ihr Leben nach dem Rhythmus ihres Menschen einteilen, d. h., tagsüber wird gedöst und geschlafen und abends, wenn die Familie oder der Mensch wieder da ist, wird gespielt und geschmust. Allerdings sind Katzen keine dressierbaren oder gar unterwürfigen Tiere. Sie lieben ihre Unabhängigkeit trotz der Freundschaft zu ihrem Menschen. Für mich macht gerade das den Reiz der Katzen aus.

Katzen und Kinder

Das ideale Kindesalter, bei dem man sagen könnte: „Jetzt wollen wir uns eine Katze anschaffen", gibt es nicht. Es kommt auf das einzelne Kind an, doch so ab vier bis sechs Jahren wäre die Anschaffung einer Katze möglich.

Katzen und Kinder können wunderbare Spielkameraden werden. Ganz nebenbei lernen die Kinder, Verantwortung für ein anderes Lebewesen zu tragen und seine Bedürfnisse zu kennen und zu respektieren.

Verantwortung Es hat keinen Sinn, eine Katze oder ein anderes Haustier zu sich zu nehmen, nur weil das Kind dieses so will. In der Verantwortung der Eltern liegt es, für das Tier zu sorgen, weshalb es auch von ihnen gewünscht sein muss. Auf keinen Fall darf das Tier als Spielzeug angesehen werden, das man bei Nichtgefallen wieder umtauschen kann. Eine Eigenverantwortung für die Versorgung einer Katze sollte von den Kindern nicht zu früh verlangt werden. Ab etwa zehn Jahren können Kinder unter Anleitung der Eltern gewisse Aufgaben selbständig übernehmen. Allgemein gibt es für Kinder nichts Schöneres als mit Tieren aufzuwachsen. Kinderpsychologen haben festgestellt, dass Kinder, die mit Katzen aufwachsen, ausgeglichener, toleranter, weniger aggressiv und kreativer sind.

Schwangere sollten die Reinigung des Katzenklos jemand anderem überlassen.

Katzen und Babys

Katzen mögen keine Babys, ja sie hassen geradezu die hohen schrillen Töne des Babygeschreis, da es dem Streitgeschrei von kämpfenden Katern zu ähnlich ist. Vor den plumpen Bewegungen und dem lauten Kreischen der Kinder im Krabbelalter ziehen sie sich meistens zurück. Man sollte deshalb mit der Anschaffung einer Katze warten, bis das Kind größer ist. Sollte jedoch schon eine Katze im Haus sein, so ist die Ankunft eines Babys kein Grund sie wegzugeben.

Grundregeln Wenn man ein paar Grundregeln beachtet, kann es ein problemloses Miteinander geben. Für die Katze ist es ein absolutes Tabu, vom Babygläschen zu lecken. Das Babygeschirr darf nicht im gleichen Spülwasser mit dem Katzengeschirr gereinigt werden, und dass Katzenhaare auf Polstermöbeln und Teppichen entfernt werden, gehört zur täglichen Routine. Achten Sie darauf, dass immer jemand dabei ist, wenn Baby und Katze in einem Raum sind.
Zur Sicherheit kann man über den Kinderwagen oder das Babybett ein Moskitonetz spannen, damit die Katze nicht hinein kann. Gerade diese Schlafstätten üben einen be-

sonderen Reiz auf Katzen aus. Katzentoilette, Fress- und Trinknäpfe sollten für ein Kind im Krabbelalter unerreichbar sein. Vermutlich wird die Katze durch die Ankunft des neuen Erdenbürgers leiden. Sie bekommt nicht mehr die gewohnte Aufmerksamkeit und sie kann sogar eifersüchtig darauf reagieren. Manche Katzen entdecken dann plötzlich, dass man an verbotenen Sofaecken kratzen, in die Gardinen klettern oder sogar in Ecken pinkeln kann. Deshalb darf die Katze in dieser Zeit nicht vernachlässigt werden. Meist entwickelt sich das Verhältnis von Kind und Katze von ganz alleine, man muss nicht zu ängstlich sein und manchmal den Dingen einfach seinen Lauf lassen.

Auch wenn Ihr Baby der Mittelpunkt Ihres Lebens geworden ist, sollten Sie sich trotzdem noch Zeit für Schmusestunden mit Ihrer Katze nehmen.

WICHTIG

Toxoplasmose

Die größte Angst haben werdende Mütter vor der Toxoplasmose. Katzen können über den Kot die Erreger der Toxoplasmose ausscheiden. Deshalb raten viele Ärzte, eine schon im Haushalt lebende Katze abzugeben, wenn ein Baby unterwegs ist. Das ist aber nur in den seltensten Fällen nötig. Die meisten Menschen haben irgendwann eine Toxoplasmose-Infektion durchgemacht und sind durch die von der Immunabwehr gebildeten Antikörper geschützt. Nur schwangere Frauen, die nie mit dem Toxoplasmose-Erreger in Berührung gekommen sind, müssen sich in Acht nehmen. Deshalb sollte jede werdende Mutter einen Toxoplasmose-Test durchführen lassen. Um ganz sicher zu gehen, kann der Tierarzt auch einen solchen Test bei der Katze machen. Das Reinigen der Katzentoilette sollte während der Schwangerschaft trotzdem jemand anderes übernehmen.

Von wegen „Wie Katz' und Hund" – diese drei verstehen sich prächtig. Vor allem junge Tiere lassen sich sehr gut aneinander gewöhnen und oft entwickeln sich dicke Freundschaften.

Katzen und Hunde

Bei vielen meiner Bekannten leben Hund und Katze friedlich miteinander. In den meisten Fällen sind beide Tiere zusammen aufgewachsen oder ein Tier kam als Jungtier zum anderen dazu.

Missverständnisse Dass sich die beiden sprichwörtlich nicht verstehen, liegt an der unterschiedlichen Körpersprache. Ein wedelnder Schwanz bedeutet für den Hund Freude, für die Katze jedoch Ärger und Aggressivität. Schnurren und Knurren klingen manchmal ähnlich. Während es bei der Katze höchstes Wohlbefinden bedeutet, warnt der Hund mit seinem Knurren ganz deutlich. Die Katze hebt die Pfote zur Verteidigung, während „Pfötchen geben" für den Hund eine ganz besonders freundliche Geste darstellt.
Am einfachsten gewöhnen sich Hund und Katze aneinander, wenn beide Tiere jung zusammenkommen und miteinander aufwachsen. Sollte aber schon ein Tier im Haushalt leben, ist es einfacher, wenn das andere als Jungtier – Welpe oder Kätzchen – dazugesellt wird. Zwei erwachsene Tiere aneinander zu gewöhnen, halte ich für sehr schwierig, ja bedenklich und möchte eigentlich davon abraten.

Die Katze auf dem Vogelkäfig – das sollte nicht sein! Der Vogel ängstigt sich zu Tode.

Katzen und andere Haustiere

Die meisten anderen Haustiere gehören nicht unbedingt zu den Freunden von Katzen, stehen doch einige davon auf ihrem Speiseplan. Wollen Sie trotzdem beiden zusammen ein Heim bieten, müssen Sie für die Sicherheit von Vögeln, Fischen, Hamstern, Meerschweinchen und Co. sorgen.

Sicherheit für den Mitbewohner
Ein Aquarium muss immer abgedeckt sein, denn Katzen können hervorragend angeln und sogar Abdeckplatten zur Seite schieben. Dasselbe gilt natürlich auch für einen Vogelkäfig oder einen Käfig mit einem Kleinnager darin. Für Katzen sind die Kleinen durchaus Beutetiere und Vögel und Nager selbst geraten beim Anblick einer Katze häufig unter heftigen Stress. Käfige mit Kleintieren gehören deshalb unbedingt außer Reichweite von Katzen, was oft nicht so einfach ist, wenn man an die Sprungkraft und den Einfallsreichtum von Katzen denkt. Dass freilaufende Kleintiere und Katzen auf keinen Fall ohne Ihre Aufsicht aufeinander treffen sollten, versteht sich wohl von selbst.

Kleinere Tiere wie Kaninchen oder Meerschweinchen fallen in das Beuteschema der Katze. Lassen Sie sie nie unbeaufsichtigt miteinander alleine.

Wenn Sie schon eine erwachsene Katze haben, ist es leichter, sie an ein Jungtier zu gewöhnen als an eine zweite erwachsene Katze.

Zwei Katzen

Normalerweise kommen Katzen ganz gut allein durchs Leben. Ob sie allerdings solche Einzelgänger sind, wie bislang oft geschreiben wurde , bezweifeln inzwischen die Katzenkenner.
Freilaufende Katzen treffen sich immer wieder mit Artgenossen und sei es nur, um sich gegenseitig anzufauchen.

TIPP

Gemeinsam – nie einsam
Wenn Sie die Möglichkeit haben, schaffen Sie sich von vornherein zwei Kätzchen – am besten Wurfgeschwister – an. Keine Angst, das macht nicht doppelt so viel Arbeit, aber doppelt so viel Freude. Und zwar sowohl Ihnen als auch den beiden Stubentigern!

Von Anfang an zu zweit Eine Katze als Einzeltier in der Wohnung zu halten und dann acht und mehr Stunden allein zu lassen, ist sicher nicht sehr tierfreundlich. Für reine Wohnungskatzen, ob Rassekatze oder Hauskatze, empfiehlt es sich, gleich zu Beginn zwei Katzen, am besten Wurfgeschwister, zu nehmen – egal ob Kater oder Katze. Um unerwünschten Nachwuchs zu vermeiden, wären zwei gleichgeschlechtliche Katzen natürlich am geeignetsten. Es ist aber auch möglich, zwei etwa gleichaltrige Kätzchen aus verschiedenen Würfen so früh wie möglich zusammenzubringen. Ist schon eine Katze im Haus und Sie denken an eine zweite Katze, so warten Sie bitte nicht allzu lange. Je älter die erste Katze ist, umso problematischer wird die Eingewöhnung einer zweiten, die auf jeden Fall immer ein Jungtier sein sollte. Zwei sich fremde erwachsene Katzen aneinander zu gewöhnen gelingt nur in den seltensten Fällen.

Zwei Katzen – doppeltes Vergnügen Haben Sie sich für zwei Katzen entschieden, werden Sie in mehrfacher Hinsicht belohnt. Gibt es etwas Schöneres als Katzen beim gemeinsamen Spiel, gegenseitiger Körperpflege und Schmusen zuzuschauen? Und wenn Sie aus dem

Haus gehen, brauchen Sie kein schlechtes Gewissen zu haben. Selbst die Urlaubspflege gestaltet sich mit zwei Katzen einfacher.

Katze oder Kater?

Sie sehen ein Kätzchen und verlieben sich im nächsten Augenblick in es und sagen: Das oder keines. So sollte das Geschlecht eine untergeordnete Rolle spielen. Der gravierendste Unterschied beider Geschlechter liegt darin, dass Kater wohl etwas größer als Kätzinnen werden und es von manchen Farbvarianten nur weibliche Tiere gibt. Manche Charaktereigenschaften sind oft mehr rassespezifisch als geschlechtsgebunden. Katzen beiderlei Geschlechts können total verschmust sein, aber Kater wie auch Weibchen können zickig und sensibel sein. Wenn Sie keinen Katzennachwuchs wollen, ist eine Kastration dringend anzuraten und hier ist die Operation beim Kater etwas einfacher und deshalb preiswerter.

Zu zweit ist es doch am schönsten!

Katzenkinder dürfen frühestens im Alter von acht Wochen von ihrer Mutter getrennt werden. Rassekatzen können Sie oft erst mit zwölf Wochen zu sich nehmen.

Kätzchen oder Katze?

Junge Kätzchen sind verspielt, zu allerlei Unsinn aufgelegt, ihnen fällt immer wieder etwas Neues ein und sie beanspruchen Ihre ungeteilte Aufmerksamkeit, denn am liebsten spielen sie nicht allein, sondern mit uns Menschen. Das heißt also: Für ein kleines Kätzchen benötigt man viel Zeit. Da kleine Kätzchen auch noch mehrere Mahlzeiten am Tag brauchen, empfiehlt es sich für den berufstätigen oder älteren Menschen eventuell eine schon ausgewachsene Katze bei sich aufzunehmen. Bei Katzenhilfsorganisationen oder im Tierheim warten viele solcher ausgewachsenen Katzen auf ein neues Heim. Während sich ein junges Kätzchen vielleicht in eine Richtung entwickelt, die man nicht voraussagen kann, kennt man die Vorzüge und auch die möglicherweise problematischen Eigenschaften einer erwachsenen Katze schon recht genau.

Das richtige Alter Von einem verantwortungsvollen Züchter bekommen Sie keine Katze vor der zwölften Lebenswoche, da in diesem Alter erst die Grundimmunisierung gegen Katzenseuche und Katzenschnupfen abgeschlossen ist. Manche behalten die Kätzchen

auch noch ein paar Tage nach der letzten Impfung, um irgendwelche Impfreaktionen abzuwarten. Selbst Tierheime oder Katzenhilfen geben keine ungeimpften Katzen an neue Besitzer ab.
Auf keinen Fall sollten Sie, egal woher, ein Kätzchen vor der achten oder neunten Lebenswoche zu sich nach Hause nehmen, da erst in diesem Alter eine gewisse Selbstständigkeit der Katzen vorhanden ist und die Mutter nicht mehr gebraucht wird. Für die notwendigen Impfungen müssen Sie dann natürlich selbst sorgen.

Welche Katze soll es sein?

Katzen werden im Durchschnitt etwas älter als Hunde. Sechzehn- bis achtzehnjährige Katzen sind keine Seltenheit. Deshalb entscheiden Sie sich für eine Katze, die Ihnen ganz und gar gefällt und mit der Sie diesen Lebensabschnitt verbringen möchten.

Liebe auf den ersten Blick Es kann natürlich auch Liebe auf den ersten Blick sein. Vielleicht schleicht sich gerade das nicht ganz so wunschgemäß aussehende Kätzchen in Ihr Herz, weil es Sie durch sein aufgewecktes Wesen bezaubert. Und nicht selten hört man auch, dass Katzenbesitzer sagen: „Meine Katze hat sich mich ausgesucht – nicht umgekehrt!"
Alle Katzen sind Individualisten, egal welcher Rasse oder Farbe sie angehören. Es gibt temperamentvolle und ruhigere Vertreter unter den Katzen und ihren verschiedenen Rassen. Erkundigen Sie sich vorher über bestimmte Charaktereigenschaften, den Pflegeaufwand und entscheiden Sie sich dann für eine Katze, die im Wesen zu Ihnen

Es muss nicht unbedingt ein Rassetier sein. Auf Bauernhöfen suchen viele Kätzchen ein liebevolles zu Hause.

Hauskatze oder Rassekatze? Hier entscheiden der persönliche Geschmack und oft ein bisschen auch der Geldbeutel.

passt. Wird die Katze nur in der Wohnung gehalten, so ist man mit einer Rassekatze gut beraten.

Hauskatze Wer kennt sie nicht, die Minitiger, die es in fast jedem Wohnviertel gibt. Die getigerte Katze dürfte immer noch die am häufigsten verbreitete Farbvariante unserer Hauskatzen sein. Bis auf wenige Ausnahmen gibt es Hauskatzen in fast allen Farben und Mustern, schlanke und kräftigere Typen und ihre Augen sind meist von grünlicher Farbe. Ihr kurzes Haar ist relativ pflegeleicht und bedarf, außer im Frühjahr und Herbst, keiner größeren Kämmaktionen. Die meisten Hauskatzen werden wahrscheinlich als Freigänger gehalten, obwohl sie sich auch zu zweit und kastriert gut in einer Wohnung halten lassen.

Rassekatze Sollten Sie sich für eine Rassekatze entscheiden, so wäre nach der Lektüre einer Fachzeitschrift oder eines Fachbuches der Besuch einer Rassekatzenausstellung anzuraten. Dort sehen Sie die meisten Katzen in Natur, können sich über die einzelnen Rassen informieren und Kontakt mit Züchtern aufnehmen. Die verschiedenen Rassen haben unterschiedliche Temperamente und den Pflegeaspekt den damit verbundenen Zeitaufwand sollte man bei seinen Überlegungen auch nicht außer Acht lassen.
Rassekatzen werden in vier Kategorien eingeteilt: Perser und Exotic Shorthair, Semilanghaar, Kurzhaar, Siam und Orientalisch Kurzhaar. Rassekatzen haben natürlich ihren Preis und kosten je nach Rasse auch unterschiedlich viel.

Was kostet eine Katze?

Meine Plüschkatze ist das preiswerteste Tier in meinem Haushalt. Außer dem Anschaffungspreis kamen keine Kosten auf mich zu. Das ist natürlich bei meinen anderen Katzen nicht so.

Anschaffungskosten Rassekatzen haben ihren Anschaffungspreis, der je nach Rasse so um die 500 € liegt. Es ist immer schwierig, einen Preis zu nennen, da letztendlich der Züchter den Preis bestimmt. Und für seltene Rassen, Farben oder Katzen, die gerade in „Mode" sind, können auch einmal mehrere Tausend Euro bezahlt werden. Bauernhofkatzen dagegen bekommen Sie meistens umsonst, aber auch Tierheime und Katzenhilfen verlangen oft nur eine Spende und die Impfkosten.

Grundausstattung Wie viel Sie für die Grundausstattung Ihrer Katze ausgeben, hängt etwas von Ihnen ab. Natürlich kann ein Kätzchen auch von einer Untertasse fressen, aus einem Nachtischschälchen trinken und in einem Pappkarton schlafen. Doch wenn Sie das viele Zubehör sehen, das es für Katzen gibt, werden Sie sicher nicht bei allem wiederstehen können und nach und nach das eine oder andere kaufen. Es muss ja nicht gleich der größte Kratzbaum für ein paar hundert Euro sein (siehe auch S. 25)

Täglicher Unterhalt Grundsätzlich kosten alle Katzen, ob von Rasse oder nicht, den täglichen Unterhalt, den man mit 1,50 – 2 € ansetzen muss. Im Monat kommen also etwa 50 – 60 € an Kosten auf Sie zu. Da ich immer für zwei Katzen plädiere, denken Sie vielleicht, dass sich damit auch der finanzielle Aufwand verdoppelt. Das ist aber nicht ganz richtig. Für eine Katze kauft man gern die kleinen Futterschalen, verwöhnt sie leicht und aus Erfahrung weiß ich, wie oft man altes Futter wegwirft. Vielleicht kommt bei zwei Katzen ein wenig Futterneid hinzu, aber zwei Katzen fressen besser, und große Dosen sind auch preiswerter.

Eine Katze verursacht auch Kosten.

Gesundheitsvorsorge Wenn Sie Ihre Katze vom Bauern oder von Bekannten geschenkt bekommen, dann müssen Sie selbst für die Impfkosten aufkommen. Tierheime und Katzenhilfen verlangen die Impfkosten jedoch auch und eine kleine Spende sollte Ihnen die Katze wert sein. Auch im weiteren Katzenleben fallen Tierarztkosten an, mindestens für die jährlichen Impfungen, vielleicht aber auch, falls die Katze einmal krank wird.

Freiheit oder Wohnung?

Vor ca. 50 Jahren hat man an eine reine Wohnungshaltung für Katzen noch nicht gedacht. Erst mit Zunahme des Straßenverkehrs und dichter besiedelter Gebiete wurde es immer beliebter, Katzen nur in der Wohnung zu halten. Bei jeder überfahrenen Katze, die ich am Straßenrand sehe, bin ich froh, dass meine Katzen nur in der Wohnung leben. Es sind aber nicht nur die Gefahren des Straßenverkehrs, die für Katzen lebensbedrohlich sind. Denken Sie an tödliche Stürze, gefährliche Fallen, Giftköder, Krankheiten und Parasiten, mit denen sich die Katze draußen anstecken kann, an unerwünschten Nachwuchs bei nicht kastrierten Katzen, an Diebstahl, Abschüsse durch Jäger oder sogar Tierfänger. Katzen lieben natürlich die Abwechslung des Freilaufs und einmal daran gewöhnt, ist es schwierig, sie wieder nur in der Wohnung zu halten. Deshalb müssen Sie einmal grundsätzlich entscheiden: Freilauf ja oder nein?
Für mich optimal leben die Katzen bei meiner Mutter im Haus und im gesicherten Garten. Da dies aber nur die wenigsten Katzenbesitzer ihren Lieblingen bieten können, muss man sich überlegen, wie man seine Wohnung katzengerecht einrichtet. Artgerecht ist es vielleicht nicht, aber in unserer Zeit können die wenigsten Haustiere wirklich artgerecht gehalten werden.

Wenn Sie ihr genügend Abwechslung verschaffen, wird Ihre Katze auch ohne Freilauf glücklich sein.

Wo finde ich meine Katze?

Eine Hauskatze zu bekommen dürfte nicht allzu schwierig sein. In fast jeder größeren Stadt gibt es Katzenhilfsorganisationen, die fast immer junge oder ältere Katzen zu vermitteln haben. Die meisten Tierheime sind über die Vermittlung von Katzen erfreut und auf vielen Bauernhöfen gibt es leider immer noch unkastrierte Katzen.

Züchter Durch Anzeigen in Fachzeitschriften, den Besuch einer Katzenausstellung oder bei den Jungtiervermittlungen von Katzenzuchtverbänden bekommt man Adressen von Züchtern. Denn eine Rassekatze kauft man nur beim Züchter! Ob der Züchter seriös ist, d. h. seinen Katzen und den Jungtieren die notwendige Pflege angedeihen lässt, können Sie nur bei einem Besuch herausfinden.

TIPP

Auf Aushänge achten
In den meisten Tierarztpraxen und Zoofachgeschäften gibt es Anschlagtafeln, auf denen sowohl Haus- als auch Rassekatzen angeboten werden.

Achten Sie auf Aushänge oder private Anzeigen. Liebevoll aufgezogene Katzenkinder aus „Zufallswürfen" suchen oft ein neues Zuhause.

Gesunde Katzen sind geimpft, gepflegt und leben mit den Menschen in einer Gemeinschaft, denn für junge Kätzchen ist es ganz wichtig, in Gesellschaft mit den Menschen aufzuwachsen. Rassekatzen haben ihren Preis und bei so genannten „Sonderangeboten" spart der Züchter meist an der Gesundheitsvorsorge oder er lässt seine Katze so oft wie möglich decken. Das heißt, er vermehrt Katzen und das hat mit Zucht nichts zu tun. Denn normalerweise bekommen Zuchtkatzen einmal im Jahr oder höchstens dreimal in zwei Jahren Nachwuchs.

Besonders gut finde ich es, wenn der Züchter Ihnen das Kätzchen nach Hause bringt. Zeigt es doch, dass er um das Wohl des Kätzchens auch nach dem Verkauf besorgt ist. Außerdem kann er Ihnen so noch an Ort und Stelle mit Ratschlägen helfen.

Damit sich eine Katze bei Ihnen so wohl fühlen kann wie diese, sollten Sie sich die Anschaffung vorher reiflich überlegen.

Katzenhaltung erlaubt?

Eigentlich ist das die allererste Frage, die man, noch bevor man sich auf die Suche nach einer Katze macht, geklärt haben muss. Selbst wenn im Mietvertrag ein ausdrückliches Tierhalteverbot enthalten ist, kann der Vermieter Ihnen das nicht grundsätzlich auferlegen, denn laut Bundesgerichtshof ist ein generelles Verbot von Tieren in einer Mietwohnung unzulässig. Sprechen Sie mit Ihrem Vermieter, ob er die Haltung einer Katze erlaubt. Er darf Ihnen die Haltung eigentlich nur dann verbieten, wenn die Tierhaltung Nachteile für die anderen Mieter oder die Mietsache hat, z. B. Beschädigung der Wohnung oder Ruhestöhrung durch eine oder mehrere Katzen. Bei Eigentumswohnungen sollten die anderen Eigentümmer oder mindestens der Verwalter informiert werden. Und im eigenen Haus sind Sie natürlich ganz allein für die Haltung einer oder mehrerer Katzen verantwortlich.

Allergien

Eine letzte Vorsichtsmaßnahme, bevor endgültig eine Katze als neuer Mitbewohner bei Ihnen einzieht: Klären Sie ab, ob niemand, der mit der Katze zusammen leben wird, eine Tierhaarallergie hat. Sind Sie oder ist jemand in Ihrer Familie auch schon auf andere Stoffe allergisch, ist es ratsam, zur Sicherheit bei einem Allergologen einen speziellen Allergietest machen zu lassen. Fällt der negativ aus, steht der Katze nichts mehr im Wege.

CHECK

Ja zur Katze

- ☐ *Die Anschaffung einer Katze habe ich mir sehr gut überlegt und mich schon vorher über Katzenhaltung informiert.*
- ☐ *Ich habe genügend Zeit, um mich um meine Katze ein ganzen Katzenleben lang zu kümmern.*
- ☐ *Tägliches Füttern, das Reinigen des Katzenklos und regelmäßige Tierarztbesuche sind für mich selbstverständlich.*
- ☐ *Alle in der Familie wollen eine Katze haben, keiner ist allergisch.*
- ☐ *Die Katze wird sich mit den anderen Tieren im Haushalt vertragen bzw. die anderen Tiere sind vor der Katze sicher.*
- ☐ *Die Kinder sind schon alt genug, um Verständnis für die Katze zu haben.*
- ☐ *Die Haltung einer Katze ist in meiner Wohnung erlaubt.*
- ☐ *Ich kenne einen zuverlässigen Katzensitter, der sich während des Urlaubs um die Katze kümmert.*
- ☐ *Es stört mich nicht, wenn ich in meiner Wohnung Katzenhaare finde, und ich kann es ertragen, falls die Katze einmal Kratzspuren an meinen Möbeln hinterlassen sollte.*
- ☐ *Ich kann es mir auch finanziell erlauben, eine Katze zu halten und sie mit allem Nötigen zu versorgen.*

So fühlt sich meine

Katze wohl

Katzen stellen keine sehr großen Ansprüche, doch für ein paar wichtige Dinge sollte schon gesorgt sein, bevor die Katze einzieht. Katzenklo, Schlafkörbchen, Futter- und Wassernapf – das ist nur die minimale Ausstattung. Lesen Sie hier, was eine Katze zum Wohlfühlen alles braucht.

Das alles braucht meine Katze

Bevor die Katze zu Ihnen kommt, sollten Sie mindestens für die allerwichtigsten Gegenstände gesorgt haben. Das wären der Futternapf, der Wassernapf, eine Katzentoilette mit Schaufel und Katzenstreu. Für den Transport ist ein ausbruchsicherer Korb oder Koffer von Vorteil, den Sie auch für den Besuch beim Tierarzt benötigen. Das alles belastet den Geldbeutel, sodass Sie Pflegeutensilien, Kratz- oder Klettermöbel, Spielzeug und Schlafkörbchen immer noch später nach Bedarf anschaffen können.

Transportbehälter Eigentlich ist ein Transportbehälter unentbehrlich, obwohl er die meiste Zeit im Keller steht. Nicht nur beim Abholen der Katze wird er gebraucht, sondern vor allem beim Tierarztbesuch. Empfehlenswert sind mit verriegelbarer Gittertür versehene Koffer aus Kunststoff oder Glasfasermaterial, in die Sie eine weiche Unterlage legen. Sie sind ausbruchsicher und leicht zu reinigen. Besonders praktisch sind Koffer, die als zusätzliche Ausstattung ein verriegelbares Dachgitter besitzen, denn sollte Ihre Katze beim Tierarzt eine Narkose bekommen, ist es einfacher, die narkotisierte Katze von oben in den Koffer zu legen. Und auch bei nervösen oder ängstlichen Katzen hat es sich bewährt, denn es ist leichter, von oben an das Tier heranzukommen, da es

CHECK

Einkaufsliste für künftige Katzenbesitzer

- ☐ *Transportbox, die möglichst auch oben eine Öffnung hat.*
- ☐ *Wasser- und Futternapf, die standfest und gut zu reinigen sind.*
- ☐ *Katzenkörbchen, Katzenbett oder jede andere Art von Schlafplatz. Zu Anfang tut es auch ein Karton, den man etwas auspolstert.*
- ☐ *Katzentoilette, offen oder geschlossen. Der Rand sollte hoch genug sein, damit die Katze die Streu nicht so leicht herausscharren kann.*
- ☐ *Katzenstreu – am besten die Marke, die die Katze schon vom Züchter/Vorbesitzer kennt – und eine Schaufel, mit der Sie die verschmutzte Streu entfernen können.*
- ☐ *Pflegeutensilien: Je nach Felllänge benötigen Sie Kamm oder Bürste. Es gibt die verschiedensten Modelle, z.B. auch Pflegehandschuhe, die dem Fell Glanz verleihen.*
- ☐ *Futter: Kaufen Sie am Anfang die gleiche Marke, die auch der Züchter oder Vorbesitzer verfüttert hat. Später können Sie dann langsam umstellen.*
- ☐ *Spielzeug: Sie benötigen nicht gleich das komplette Sortiment, aber über ein oder zwei Stücke wird sich Ihr neuer Mitbewohner ganz sicher freuen.*

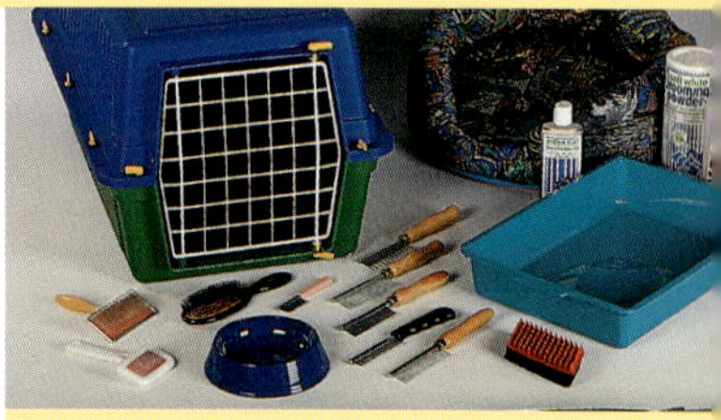

Grundausstattung für den Stubentiger

sich nicht in eine Ecke verkriechen kann.
Ganz sicher sind die halbrunden Weidenkörbe dekorativer als eine Kunststoffbox, nur leider nicht sehr praktisch, denn erstens kann sich die Katze an den hervorstehenden Weidenenden verletzen, zweitens lassen sie Zugluft durch, drittens sind sie nicht leicht zu reinigen und preiswerter sind sie auch nicht. Kaufen Sie deshalb gleich zu Beginn einen genügend großen, allen Erfordernissen entsprechenden Transportkoffer für Ihre Katze.

Die Katze abholen

Egal, ob Sie die Katze Ihrer Wahl beim Züchter, im Tierheim, bei der Katzenhilfe oder sonst wo gefunden haben, einmal ist der Tag gekommen, an dem Sie sie zu sich nach Hause holen.

Formalitäten Bei den meisten Züchtern müssen Sie einen Kaufvertrag unterschreiben und bekommen dann die Papiere – Stammbaum und Impfpass – für die Katze ausgehändigt. Auch die anderen Organisationen – Tierheim oder Katzenhilfe – haben ihre Verträge und nach dem Kaufabschluss kann es endlich auf die Heimreise gehen.

Im Auto Meistens holt man die Katze mit dem Auto ab. Sollte dieses keine Klimaanlage besitzen, suchen Sie sich bitte einen Tag mit nicht allzu hohen Temperaturen aus. Achten Sie aber auch darauf, dass das Tier keiner direkten Zugluft ausgesetzt ist. Die Katze kommt in den sicheren Transportkoffer und bleibt auch darin, mag ihr Gejammer oder Geschrei noch so groß sein. Es ist einfach zu gefährlich, sie frei im Auto zu transportieren. Die meisten Katzen beruhigen sich nach kurzer Zeit und das beste Mittel – auch wenn es schwer fällt – ist oft, das Tier und sein Wehklagen einfach konsequent nicht zu beachten.

Lassen Sie Ihrem Katzenkind Zeit für die ersten Schritte in der neuen Umgebung. Sie werden sicher nicht lange warten müssen, bis die Neugier die Angst überwiegt.

Ist das Kätzchen gesund? Schauen Sie es sich genau an und nehmen Sie es auf den Arm. Dabei können Sie Augen, Nase, Ohren und Fell genau inspizieren.

Ist die Katze gesund?

Ein altes Sprichwort sagt, man soll die Katze nicht im Sack kaufen, deshalb schauen Sie sich die Katze ,wenn Sie sie abholen, noch einmal kritisch an. Selbstverständlich sieht man nicht immer, ob eine Katze krank ist, aber ein paar Grundregeln kann jeder beachten (Siehe auch S. 107)

Was das Fell verrät Ein guter Gradmesser für die Gesundheit einer Katze ist ihr Fell, das dicht, sauber und glänzend sein muss. Keine gepflegte Katze hat verfilzte Haare und auf keinen Fall dürfen kahle Stellen, Schorf oder Entzündungen im Fell oder auf der Haut zu sehen sein. Schwarze Punkte auf der Haut deuten auf Flohbefall hin, und Schmutzspuren unter dem Schwanz könnten auf Durchfall oder Wurmbefall hinweisen. Nehmen Sie die Katze auf den Arm und tasten Sie ihren Bauch ab. Er darf rund und fest, allerdings nicht aufgedunsen sein. Eine Verdickung oder ein Knoten in der Bauchmitte könnten sich als Nabelbruch erweisen. Gesunde Katzen, egal welchen Alters und welcher Rasse, sind verspielt und lebhaft, allerdings nicht unbedingt zu jeder Tageszeit und nicht direkt nach dem Fressen.

Augen, Nase, Ohren Die Augen sollten klar und glänzend sein und in der Augeninnenseite darf das dritte Augenlid, die sogenannte Nickhaut, nicht zu sehen sein. Eine sichtbare Nickhaut kann nämlich auf eine Krankheit hindeuten. Die Nase ist ein wenig feucht und kühl, sauber und frei von Ausfluss, was wegen des Katzenschnupfens ganz wichtig ist.
Da sich in den Ohren gerne Ohrmilben ansammeln, müssen die Ohren natürlich sauber sein und man darf keinen Schmutz oder schwarze Krusten sehen.

Ein gesundes Kätzchen ist neugierig und spielt gerne. Mit einem Federstab können Sie es sicher schnell aus der Reserve locken.

Mäulchen auf Gesunde Katzen haben hellrosa Zahnfleisch ohne Entzündungen. Die Zähne sind weiß, können aber bei älteren Katzen eine leicht gelbliche Farbe annehmen. Am Übergang vom Zahnfleisch zu den Zähnen darf kein Zahnstein zu sehen sein, wozu manche Katzen leider neigen. Auch wenn Ihr Kätzchen rundum gesund und munter wirkt, ist es doch ratsam, es bald einmal vom Tierarzt untersuchen zu lassen. Katze und Arzt können so schon einmal Bekanntschaft schließen, ohne dass es gleich „ernst" wird.

Die ersten Tage im neuen Zuhause sind furchtbar aufregend. Gut, wenn man dann ein kuscheliges Plätzchen hat, an dem man sich erholen kann.

Die ersten Tage im neuen Zuhause

Im neuen Heim der Katze stellen Sie den Transportkoffer ins Zimmer und öffnen ihn. Da die meisten Katzen sehr neugierige Wesen sind, beginnt von dort aus die Erkundung der Wohnung. Es kann natürlich vorkommen, dass die Katze von der Fahrt noch ziemlich mitgenommen oder ängstlich ist. Drängen Sie sie nicht, sondern geben Sie ihr genügend Zeit.

Wo ist das Klo? Nach einer gewissen Zeit nehmen Sie die Katze auf und setzen sie in die Katzentoilette. Nach einigen Wiederholungen weiß sie eigentlich ziemlich schnell, wo diese steht, und sucht sie bei einem echten Bedürfnis dann selbstständig auf. Es ist erstaunlich, wie rasch selbst junge Kätzchen den Weg zur Toilette finden. Man sollte bei ihnen aber darauf achten, dass der Weg zur Katzentoilette nicht allzu weit ist. Und natürlich muss die Toilette jederzeit zugänglich sein (siehe auch S. 34).

Schritt für Schritt Da manche Katzen ängstlich sein können und sich zu Beginn gerne verstecken, sollten Sie folgende Vorkehrungen treffen: Je nach Größe Ihrer Wohnung oder des Hauses beschränken Sie die Eingewöhnung zunächst auf ein kleineres Terrain und erst nach und nach darf die Katze ihre gesamte Umgebung kennen lernen. Somit müssen Sie sie nicht überall suchen, wenn sie nicht von allein aus dem Versteck herauskommt. Die ersten paar Tage sollten ruhig verlaufen. Nichts verstört Katzen mehr als Hektik und laute Geräusche.

Wenn der Katze die neuen Menschen und die Umgebung gefallen, gewöhnt sie sich meistens relativ schnell an ihr neues Zuhause.

Ein Name für die Katze

Ist Quetzalquoatl oder Rosinchen wirklich der richtige Name für Ihre Katze? Sollte die Katze noch keinen Namen haben, auf den sie hört, entscheiden Sie oder Ihre Familie ganz alleine, welchen Namen Sie ihr geben möchten. Auf einen Namen mit vielen „I“, am besten zweisilbig, hören Katzen besonders gut. Viele Katzen haben auch einen Kosenamen, wobei die gebräuchlichsten Namen sinnigerweise „Mausi“ oder „Mäuschen“ sein sollen. Egal wie Sie Ihre Katze nennen, wichtig ist, dass sie den Namen akzeptiert und auf ihn hört. T. S. Elliot, der englische Schriftsteller, schrieb ein wunderbares Gedicht über Katzennamen. Darin hat eine Katze drei Namen, einen für den Hausgebrauch, den zweiten entsprechend ihrer Eigenschaften und einen dritten, den nur die Katze selber kennt.

TIPP

Beliebte Katzennamen

Hier eine Auswahl beliebter Katzennamen:
Katzen heißen Minka, Susi, Tapsi, Lisa, Muschi, Kitty, Jenny, Sissi, Kira, Gina, Bonny, Tinka Cindy oder Tina.
Kater heißen Felix, Charly, Moritz, Tiger, Merlin, Max, Blacky, Purzel, Bärli, Micky, Jerry, Pascha, Romeo oder Rocky.

Fünf süße Katzenkinder. Wie wohl ihre Zukunft aussehen wird?

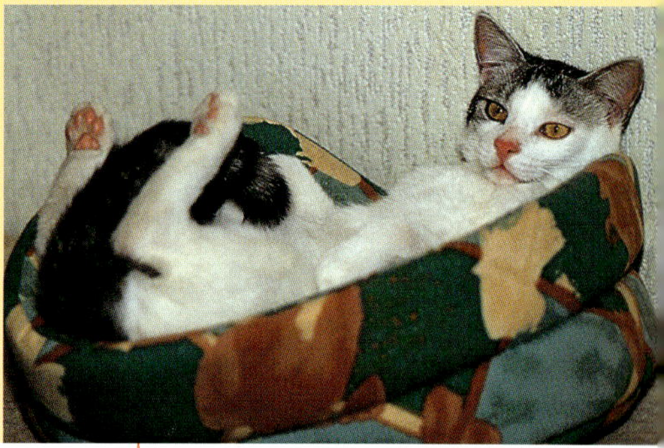

Seien Sie nicht enttäuscht, wenn Ihre Katze das schicke neue Katzenbett völlig uninteressant findet. Was Lieblingsplätze angeht, haben Katzen oft ihren ganz eigenen Geschmack.

Hochnehmen und Tragen

Immer wieder sieht man, wie Katzen einfach am Nackenfell hochgehoben werden. Das ist natürlich falsch, denn immer sollte man mit einer Hand auch den Körper unterstützen. Richtiges Hochnehmen und Tragen will gelernt sein. Mit einer Hand fassen Sie unter den Körper zwischen die Vorderbeine und mit der anderen Hand werden die Hinterbeine gestützt. So liegt das Gewicht der Katze auf dem Unterarm und sie fühlt sich wohl. Ganz wichtig ist es, dies mit Kindern zu üben.

Ein ungestörter Futterplatz

Der richtige Ort für die Mahlzeiten ist ein Platz, wo die Katze in Ruhe fressen kann. Am besten geeignet ist eine ruhige Ecke im Küchenbereich. An dieser Stelle sollte die Katze von nun an immer gefüttert werden.

Katzen neigen dazu, einige Häppchen ihrer Mahlzeit aus dem Fressnapf zu holen und daneben zu verspeisen, sodass eine abwaschbare Unterlage gute Dienste leistet. Leicht zu reinigende und standfeste Futternäpfe gibt es aus Kunststoff, Edelstahl, Steingut, Porzellan und Glas. Für Nass- und Trockenfutter benötigt man je ein solches Gefäß. Ein etwas größeres Gefäß – das kann auch eine kleine Schüssel sein – füllt man zum Trinken mit Wasser. Nach Gebrauch sollten die Näpfe immer gereinigt werden.

Ein ruhiges Plätzchen zum Schlafen

„Der schönste Schlafplatz für fast jede Katze ist das Bett ihres Menschen.“ Wenn Sie damit Probleme haben, müssen Sie die Katze schon am ersten Tag Ihres gemeinsamen Lebens konsequent aus dem Schlafzimmer verbannen. Darf die Katze tagsüber ins Schlafzimmer, so wird sie es nicht verstehen, warum sie dort nachts nicht hineindarf, und an der Türe kratzen und schreien – so lange, bis Sie genervt dann doch aufmachen.

Hauptsache gemütlich Da Katzen zwei Drittel ihres Lebens schlafen oder dösen, ist der Platz zum Schlafen für sie natürlich sehr wichtig. Sehr beliebt sind z. B. Hängematten, die man am Heizkörper befestigen kann. Der Handel bietet zudem jede Menge Körbchen, Katzenkissen und Kuschelhöhlen an und natürlich haben meine Katzen schon verschiedene Modelle getestet, von denen die meisten jetzt im Keller stehen. Für kurze Zeit sind auch alle Arten von Kartons beliebt, die man dann einfacher entsorgen kann. Grundsätzlich kann man sagen, dass die meisten Katzen einen etwas höher gelegenen Schlaf- und Liegeplatz bevorzugen – meine Katzen lieben z. B. die Hängematten am Kratzbaum – und sich diesen auch selbst aussuchen. Wenn Sie der Meinung sind, Ihre Katze müsste unbedingt an einem bestimmten Platz in einem ausgefallenen Katzenmöbel schlafen, tut sie Ihnen diesen Gefallen bestimmt nicht!

Auch die wilde Verwandtschaft hat ihre ganz eigene Vorstellung von gemütlichen Schlafplätzen.

TIPP

Lieblingsplatz

Der Lieblingsplatz meiner Katzen ist die Fensterbank. Damit Sie dort gut liegen können, habe ich die Fensterbänke mit Pressspanplatten auf 30 cm verbreitert und mit Teppichboden bezogen. Dort haben sie nun genügend Platz, um nach draußen schauen zu können und in Ruhe Ihren Mittagsschlaf zu halten.

Ein heikles Thema: die Katzentoilette

Auch wenn Sie vorhaben, Ihre Katze frei laufen zu lassen, so sollte sie doch die ersten Tage oder Wochen nur im Haus oder der Wohnung gehalten werden, damit sie sich an ihr neues Zuhause gewöhnen kann. Deshalb benötigen Sie auf jeden Fall Katzentoilette, Katzenstreu und eine Schaufel.

Das richtige Modell Meist genügt eine Wanne aus Hartplastik. Der Handel bietet aber auch Wannen mit Rand, mit Haube, mit Klappe und vieles mehr an. Wichtig ist, dass der Rand hoch genug ist, damit die Katze die Streu nicht hinausscharren kann. Ganz können Sie das mit einem geschlossenen Modell mit Haube verhindern – dem ich auch wegen der Geruchsbildung den Vorzug gebe. Zu Beginn sollte man es aber mit einer Katzentoilette ohne Haube probieren, bis die Katze sicher im Gebrauch der Toilette ist. Danach kann man dann die Haube darauf setzen und sehen, ob die Katze auch in diese Toilette geht. Eigentlich mögen Katzen diese Toiletten, können sie dort doch in aller Ruhe und unbeobachtet ihre Geschäfte verrichten.

Ein stilles Örtchen Der richtige Platz für die Katzentoilette ist ein ruhiger Platz in der Wohnung, meistens bietet sich das Bad oder die Gästetoilette an. Selbstverständlich muss dieser Platz für die Katze jederzeit zugänglich sein.

Eine Katzentoilette gehört unbedingt zur Grundausstattung. Wichtig: Sie darf nicht zu klein sein, damit die Katze auch genügend Platz darin hat.

Das Badezimmer ist ein geeigneter Platz für die Katzentoilette. Achten Sie darauf, dass die Katze jederzeit Zugang hat.

Die passende Streu In die Katzentoilette gehört Streu, die in den unterschiedlichsten Qualitäten angeboten wird. Bewährt hat sich die Klumpen bildende Streu, wobei der Vorteil darin liegt, dass man eben nur die Klumpen und nicht die komplette Füllung entsorgen muss und Streu nach Bedarf nachfüllen kann. Nach Gebrauch der Toilette durch Ihre Katze sollten die feuchten Stellen oder Exkremente mit einer Schaufel entfernt werden. Hat die Katze, schon bevor sie zu Ihnen kam eine Katzentoilette benützt, so sollten Sie dieselbe Einstreu und Toilette besorgen. Falls Ihnen dieses System nicht gefällt, schaffen Sie sehr behutsam einen Übergang zum neuen System. Grundsätzlich wird die Streu in die Toilette – je nach Höhe des Randes – ca. 5 – 10 cm hoch eingefüllt. Die Klumpen werden nach Bedarf entfernt, aber bitte nicht in die Toilette, auch wenn es der Hersteller empfehlen sollte. Für am geeignetsten halte ich einen Eimer mit Deckel, in dem eine Plastiktüte die gebrauchte Streu aufnimmt. Diese Tüte wird, trotz recyclebarer Streu, dann in der Restmülltonne entsorgt. Von Zeit zu Zeit wird die gesamte Katzentoilette geleert, ausgewaschen, getrocknet und mit frischer Streu aufgefüllt.

Zwei sind besser als eine Katzen sind sehr reinliche Tiere und lieben saubere Katzentoiletten. Wenn Sie Ihre Katze tagsüber allein lassen müssen, sollten Sie zwei Toiletten aufstellen. Außerdem sollten für zwei Katzen auch auf jeden Fall mindestens zwei, besser drei Toiletten zur Verfügung stehen.

Wenn Sie nicht möchten, dass Ihre Katze ihre Krallen an Ihren Möbeln schärft, besorgen Sie ihr einen Kratzbaum.

Nicht für die Katz: der Kratzbaum

Katzen haben Krallen und die müssen regelmäßig abgenutzt und gepflegt werden. Damit diese Krallenpflege nicht an der Couchgarnitur vollzogen wird, müssen Sie Ihrer Katze eine Möglichkeit zum Kratzen bieten und sie dazu anleiten, diese auch zu benützen.

Große Auswahl Es gibt im Handel die verschiedensten Kratzbretter und -bäume, wobei Sie diejenigen bevorzugen sollten, die man an der Wand befestigen kann. Modelle aus Sisal oder Kokosmaterial finde ich besser als mit Teppich bezogene Versionen. Wird die Katze nur in der Wohnung gehalten, wäre eine Kombination aus Kratz- und Kletterbaum ideal, die gleich zwei Bedürfnisse der Katze befriedigt. Mit Sisal umwickelte Stämme, mit Sitz- und Liegeplätzen ausgestattet – es gibt unzählige Variationen, die ein Katzenherz höher schlagen lassen!

Abenteuerspielplatz Für meine Wohnung habe ich mich für ein Baukastensystem entschieden. Auf einer stabilen Bodenplatte stehen mit Sisal bespannte Röhren, die mit einer viereckigen Platte darauf zusammengehalten werden. Von da aus gehen verschieden hohe, ebenfalls mit Sisal umwickelte Röhren nach oben, die mit angeschraubten Hängematten abgeschlossen werden. Die Hängematten sind beliebte Liegeplätze meiner Katzen, in die sie sich wunderbar hineinkuscheln können und auch im tiefsten Schlaf keine Angst zu haben brauchen, herauszufallen – was besonders bei jungen Katzen wichtig ist. Ein weiterer Vorteil dieser Hängematten ist, dass man den Bezug vom Gestell abziehen, waschen oder, wenn er unansehnlich geworden ist, ihn gar austauschen kann. Dasselbe gilt, bis auf das Waschen, auch für stark beanspruchte Sisalstämme. Von Zeit zu Zeit verändere ich den Aufbau, sodass immer wieder ein neuer Kletterbaum entsteht. Da solch ein Kletterbaum natürlich seinen Preis hat, könnte man mit einem kleinen Modell beginnen und mit der Zeit immer wieder etwas hinzukaufen. Der Handel hat sich in den letzten Jahren einiges in Bezug auf Klettermöbel einfallen lassen. Schauen Sie sich einfach einmal um.

WICHTIG

Der Kratzbaum
Egal wie klein oder groß der Kletterbaum ist, achten Sie auf eine stabile Bodenplatte. Denn die Standfestigkeit ist das Wichtigste am ganzen Baum. Einmal gekippt, wird Ihre Katze einen großen Bogen auch um das teuerste und exklusivste Modell machen.

Standfest, mit Aussichtsplattform, Spielzeug und Kuschelhöhle – so sieht ein guter Kratzbaum aus.

Katzenspielzeug gibt es in allen Variationen.

Spielzeug in allen Variationen

Für einen Katzenfreund gibt es nichts Schöneres als jungen Kätzchen beim Spielen zuzuschauen. Aber nicht nur junge Katzen spielen gern – bis ins hohe Alter sind Katzen immer zum Spielen aufgelegt. Vielleicht nicht mehr so wild und ausdauernd, aber ein Viertelstündchen ist immer möglich.

Fantasie ist gefragt Lauern, Anschleichen, Jagen und Fangen sind Grundelemente des Katzenspiels. Unterstützen kann man den Spieltrieb der Katze mit entsprechenden Spielsachen. Schauen Sie einmal im Zoogeschäft vorbei und Sie werden staunen, was da alles angeboten wird. Von der einfachen Fellmaus bis hin zum verrücktesten Actionspiel – was Ihrer Katze wohl am besten gefallen würde?

TIPP

Sicheres Spielzeug

An Spielmäusen sollte man vorsichtshalber die Nasen und Augen entfernen. Diese können aus spitzen Stecknadeln bestehen, an denen sich die Katze beim Spielen verletzen kann oder die – noch schlimmer – herausgetrennt und verschluckt werden könnten.

Wollknäuel – von vielen Katzenfotos kaum wegzudenken – sind kein Katzenspielzeug: Die Katze kann die Wolle ins Maul nehmen, verschlucken, sich mit den Pfoten darin verheddern oder sich den Faden gar um den Hals schlingen.

Eigentlich muss es nichts Besonderes sein. Meine Katzen lieben Mäuse, die klappern, über alles. Probieren Sie es mit einen Tischtennisball, dem man so herrlich hinterherspringen kann, einer Feder an einer Angel befestigt oder einer einfachen Pfauenfeder. Ziehen Sie eine dicke Schnur hinter sich her – Ihre Katze wird sich sicher auf ein actiongeladenes Jagdspielchen einlassen. Ihrer Fantasie sind keine Grenzen gesetzt (siehe auch S. 92)!

In einer Wohnung lauern jede Menge Gefahren auf eine Katze: heiße Herdplatten, giftige Pflanzen und die Waschmaschine, in der sie versehentlich eingesperrt werden kann.

Sicherheit im Haus

Nicht nur draußen im Straßenverkehr lauern viele Gefahren, auch in der Wohnung kann einer Katze einiges zustoßen und man muss für ihre Sicherheit sorgen.

Katzenfallen Den äußerst neugierigen Katzen entgeht kein Winkel in Wohnung, Haus oder Garten, in den man hineinschlüpfen könnte. Offene Türen scheinen sie magisch anzuziehen. Wie oft habe ich meine Katzen schon versehentlich im Schrank eingesperrt! Zum Glück kann im Schrank nicht allzu viel passieren, man mag sich aber nicht ausdenken, wie es der Katze in der Waschmaschine oder im Wäschetrockner geht. Achten Sie deshalb besonders darauf, dass die Türen von Waschmaschine und Trockner immer zu sind, oder vergewissern Sie sich, bevor Sie die Geräte einschalten, dass die Katze nicht gerade darin sitzt.

Gefährliche Kleinteile Die meisten Katzen sind fast immer auf der Suche nach irgendetwas, das sich zum Spielen oder Fressen eignet. Sei es ein liegen gelassener Knopf, eine Nähnadel, Stecknadel, Perlen, Schrauben, Nägel, Reißzwecken usw. – die Katze findet sie interessant. Von diesen Dingen gehen jedoch nicht zu unterschätzende Gefahren aus. Meine Katzen haben mich auf diese Weise zu einer gewissen Ordentlichkeit erzogen!

Giftige Substanzen Haushaltsreiniger, Desinfektionsmittel, Chemikalien usw. ja selbst Tabletten sollten immer für die Katzen unerreichbar aufbewahrt werden. Ein

TIPP

Unsichtbares Gift

Verzichten Sie lieber auf Trockenblumengestecke, wenn Sie nicht sicher sind, ob diese mit giftigen Sprays haltbar gemacht wurden.

An ungiftigen Küchenkräutern und speziellem Katzengras darf die Mieze unbesorgt knabbern.

natürlicher Instinkt warnt sie zwar – sie würden eine für sie giftige Substanz nie freiwillig zu sich nehmen. Aber sie können eine ausgelaufene Flüssigkeit an die Pfoten oder das Fell bekommen und durch Ablecken gelangt das Gift dann in den Körper.
Doch nicht nur Putzmittel, Sprays, Polituren und andere Substanzen können für Katzen giftig sein. Da sie für ihre Verdauung Gras benötigen, können sie, wenn ihnen keines angeboten wird, auch an Pflanzen herumnagen. Es gibt eine Menge Pflanzen, die für Katzen unbekömmlich sind. Glücklicherweise sind nur wenige extrem bedrohlich und hochgiftig. Nicht giftig, aber trotzdem gefährlich können Gräser in Blumensträußen und Gestecken sein. Scharfkantig und mit Widerhaken versehen können sie sich beim Hinunterschlucken im Rachen festsetzen und schwere Verletzungen hervorrufen. Dies weiß ich leider aus eigener Erfahrung, denn eine unserer Katzen hat eine solche Verletzung nur knapp überlebt.

Elektrizität Offen herumliegende Kabel vom Fernseher oder von anderen Elektrogeräten verstecken Sie am besten hinter der Fußbodenleiste oder unter dem Teppichboden, bevor Ihre Katze auf die Idee kommt, damit zu spielen oder womöglich darauf herumzukauen, was besonders junge Kätzchen gerne machen.

In der Küche Besondere Gefahren lauern in der Küche. Hier sind es nicht so sehr die offenen Türen von Geschirrspüler, Backofen oder Mikrowelle, sondern der Elektroherd mit seinen heißen Platten. Manche Katze hat sich da schon die Pfoten verbrannt. Stellen Sie nach Gebrauch immer einen Topf mit Wasser darauf. Bei modernen Kochfeldern mit Sensoren können Katzen diese sogar selbst einschalten. Bei meinem Herd gilt das für

TIPP

Gras für die Katze

Damit Ihre Katze gar nicht auf die Idee kommt, an Ihren Pflanzen – giftig oder nicht – zu knabbern, bieten Sie ihr immer genügend Katzengras an.
Sollte sich herausstellen, dass Ihr Stubentiger nur aus Langeweile an den Pflanzen nascht, dann hilft eine tägliche ausführliche Spielstunde. Katze und Pflanzen werden es Ihnen danken!

Für viele Katzen ist die Fensterbank der beste Platz in der Wohnung.

die Warmhalteplatte, deshalb habe ich über den Sensor eine dekorative Keramikfliese gelegt und so dem Übel vorgebeugt.

Gefahren am Fenster In der Wohnung liegen Katzen gern auf dem Fenstersims und schauen dem Leben draußen auf der Straße zu. Bei geöffnetem Fenster macht es noch mehr Spaß, kann die Katze doch zusätzlich die Gerüche wahrnehmen. Ein Einsatz aus Fliegengitter sorgt hier für ungetrübte Aussicht und frische Luft ohne Absturzgefahr. Mit so einer Sicherung können Sie im Sommer das Fenster getrost immer geöffnet lassen.

In diesem Zusammenhang lauert noch eine andere Gefahrenquelle auf die Katze. Sichern Sie immer ein gekipptes Fenster, denn wenn Ihre Katze versucht durch das schräg gestellte Fenster oder eine gekippte Türe zu springen, kann sie hängen bleiben, in den Spalt hineinrutschen und sich nicht mehr selbst befreien. Für Kippfenster gibt es spezielle Gitter im Fachhandel. Eine andere Lösung ist das Anbringen von Haken und Öse. Damit verkleinert man den Winkel so, dass die Katze nicht hineinspringen kann.

Ein absturzsicher vernetzter Balkon wird sicher bald zum Lieblingsplatz Ihrer Katze.

Sicherheit für Balkonkatzen

Über die Gefahren des Freilaufs haben Sie sich nun Gedanken gemacht und vielleicht beschlossen, Ihre Katze nur in der Wohnung zu halten. Um aber nicht ganz auf frische Luft und Sonne für die Katze zu verzichten, kann man ihr auf dem Balkon ein Refugium schaffen.

Katzen haben einen bemerkenswerten Gleichgewichtssinn und können hervorragend auch auf dem schmalsten Balkongeländer balancieren. Das kann x-mal gut gehen, aber der angeborene Jagdtrieb lässt sie manchmal jede Vorsicht vergessen. Würde eine Katze auch viele Stürze vom Balkon überleben, so muss man es doch nicht herausfordern.

Balkonvernetzung Einige Firmen haben sich auf katzensichere Balkonvernetzung spezialisiert und bieten für jeden Balkon eine sichere und fast unsichtbare Lösung. Bevor Sie sich in Unkosten stürzen, sprechen Sie mit Ihrem Vermieter und der Hausgemeinschaft über Ihr Vorhaben, evtl. benötigen Sie dafür eine Genehmigung der Eigentümerversammlung.

TIPP

Katzenoase

Auf einem gesicherten Balkon können Sie Ihrer Katze eine richtige Wohlfühloase einrichten: Spendieren Sie ihr einen kleinen Kratzbaum mit Aussichtsplattform oder verbreitern Sie die Balkonbrüstung mit einem Brett und stellen Sie einen Topf mit Zyperngras auf. Sie werden sehen, wie Ihre Samtpfote die neue Aussicht, Sonne, Wärme und die Düfte draußen genießt!

Ein katzensicherer Garten

Ein absoluter Glücksfall für die Katzenhaltung ist ein Garten, der ausbruchsicher gestaltet werden kann. Ein wichtiger Faktor dabei ist ein gutes Auskommen mit der Nachbarschaft, denn frei laufende Katzen haben die unangnehme Angewohnheit, gerne in Nachbars frisch gemachtem Gemüsebeet ihre Exkremente zu verscharren.

Ein Netz als Zaun Es ist natürlich etwas aufwendig, einen Garten katzensicher zu machen. Ein Netz oder Zaun sollte schon 1,80 – 2 m hoch sein. Ein Netz wäre eine praktikable Lösung, wenn man es an Metallpfosten im Abstand von ca. 1,50 m befestigt. Da das Netz nachgibt, ist es für eine Katze fast unmöglich, darüber zu klettern, denn sie findet keinen sicheren Halt. Natürlich muss das Netz auch halten, deshalb müssen die Pfosten sicher im Boden verankert werden. Damit die Katze nicht unter dem Netz durchrobben kann, empfiehlt sich hier die Anbringung eines Hasenzauns, der in die Erde eingegraben wird.
Achten Sie auf Bäume, deren Äste über den Zaun hinüberragen und auf denen Katzen mühelos die andere Seite erreichen können.

Teiche und Schwimmbecken stellen eine Gefahr dar, wenn die Katze hinein fällt und aus eigener Kraft nicht mehr heraus klettern kann.

***Baumabenteuer:* Von hier oben hat man einen herrlichen Blick über das ganze Revier und entdeckt viele spannende Dinge ...**

Meine Erfahrungen Unsere ersten Katzen waren alles Freigänger. Zu dieser zeit war der Verkehr noch nicht all zu stark und wir wohnten in einer ruhigen Wohngegend. Buffy, unser erster Perserkater, sollte dann aber nur im Haus bleiben. Zu groß war die Angst, er könnte gestohlen, überfahren werden oder sonst wie verloren gehen. Da das Haus einen Garten hatte, durfte Buffy bei schönem Wetter diesen erkunden – allerdings nur unter Aufsicht. Im ersten Sommer war er damit auch ganz zufrieden. Er machte auch im Winter seine Stippvisiten draußen und als das Frühjahr kam wurden wir immer sorgloser – bis es irgendwann hieß „Wo ist denn Buffy?"
Ihm war es wohl zu langweilig geworden und er wollte doch mal sehen, was bei den Nachbarn los war. Genau das sollte er aber nicht tun! Der Zaun wurde auf zwei Meter aufgestockt – hoch genug für einen Perserkater? Von wegen! Auch über den nach innen gerichteten Überhang, den mein Vater schließlich anbrachte, konnte er klettern. Und natürlich fand er auch unter dem Zaun hindurch
einen Weg nach draußen. Diesen Ausweg versperrten wir ihm schließlich mit einem Hasenzaun, den wir ein gutes Stück in die Erde eingruben, damit Buffy nicht mehr darunter durch kriechen konnte. Blieb noch der Weg über den Zaun. Irgendwann kamen wir auf die Idee, einen elektrischen Weidezaun zu installieren. Zwar scheuten wir zunächst die Kosten, doch da die ständigen Nachbesserungen an unserem Zaun auch schon einiges gekostet hatten, ging die Sicherheit unseres Katers doch vor.
Und der Aufwand hat sich wirklich gelohnt! Zu Buffy gesellten sich im Laufe der Jahre immer mehr Katzen, die auch den Auslauf im Garten genossen. Und bis heute hat jede Katze, die einmal Erfahrungen mit dem Elektrozaun gemacht hatte, jeden weiteren Kontak damit vermieden.

... gleichzeitig kann man seine Kletterkünste üben und ein bisschen Krallenpflege betreiben.

Giftige und ungiftige Zimmer- und Gartenpflanzen*

Giftige Zimmer- und Gartenplanzen

Adonisröschen
Amaryllis
Anemonen
Aronstab
Azaleen
Berberitze
Blasenstrauch
Blaustern
Buchsbaum
Calla
Christusdorn
Dieffenbachia
Edelweiß
Efeu
Eibe
Eisenhut
Faulbaum
Fetthenne
Feuerdorn
Fingerhut
Geißblatt
Ginster
Glyzinie
Goldregen
Hartriegel
Herbstzeitlose
Hortensien
Liguster
Lorbeer
Lupine
Maiglöckchen
Mistel
Nachtschatten
Narzissen
Oleander
Pfingstrosen
Philodendron
Rhizinus
Rhododendron
Rittersporn
Schierling
Seidelbast
Spindelbaum
Taxus
Weihnachtsstern
Wolfsmilch
Wurmfarn

Ungiftige Zimmer- und Gartenplanzen

Areca (Palmenart)
Alpenveilchen
Alyssum (Steinkraut)
Bubikopf
Buntnessel
Begonien
Chrysanthemen
Drazae (Drachenlilie)
Edellieschen
Eisbegonie
Eisenkraut
Elfensporn
Enzian
Erika
Flammendes Kätchen
Fleißiges Lieschen
Frauenhaarfarn
Fuchsie
Gänseblümchen
Geranien
Glockenblume
Grünlilie
Katzenminze
Kirschzweige
Levkojen
Magnolie
Männertreu
Margerite
Neuguinea Lieschen
Pantoffelblume
Papyrus
Petunie
Proteen
Rosen
Schwertfarn
Sonnenblume
Stiefmütterchen
Tulpen
Weihrauch
Zimmerbambus
Zitronenmelisse
Zyperngras

*Diese Liste erhebt keinen Anspruch auf Vollständigkeit.

Eine Katzenklappe oder ein Steg ermöglichen den Weg in die Freiheit.

Verlockend, aber auch gefährlich: die Freiheit

Sind Sie immer noch überzeugt, dass Ihre Katze nur artgerecht gehalten wird, wenn sie nach draußen in die „freie Wildbahn" darf? Sicher gibt es auch bei uns noch Gegenden, wo Katzen unbekümmert ein langes Leben in Freiheit genießen können, aber dies ist sehr selten geworden. In manchen Wohnanlagen ist es sogar verboten, Katzen als Freigänger zu halten. Wenn Katzen frei laufen dürfen, ist es auf jeden Fall wichtig, dass sie auch jederzeit Zugang zum Wohnbereich haben, am besten über eine Katzenklappe. Die Katze morgens rauszulassen und über den Tag sich selbst zu überlassen ist bestimmt bequem, aber nicht tiergerecht und Sie dürfen sich nicht wundern, wenn sich die Katze einen anderen Freund sucht. Da nicht jede Katze gleich ist, kann man auch nicht generell sagen, welche Katze sich für welche Haltung eignet. Es gibt Katzen, die nicht in der Wohnung gehalten werden können. Andere wiederum sind nur in der Wohnung glücklich – viele aber leider auch sehr unglücklich, weil sich die Besitzer nicht oder viel zu wenig mit ihnen beschäftigen. Katzen lieben natürlich die Freiheit, und wenn sie einmal das freie Leben gewöhnt sind, kann man sie fast nicht mehr für eine reine Wohnungshaltung begeistern.

Im Straßenverkehr lauern oft tödliche Gefahren auf eine Katze.

Halsband und Leine Eine Alternative wäre „Gassigehen“ mit der Katze mit Halsband und Leine. Geben Sie sich da allerdings keinen allzu großen Illusionen hin: Katzen sind keine Hunde, die bei Fuß gehen, und ob das Spazierengehen auf dem Gehweg Ihrer Katze gefällt, wage ich zu bezweifeln.

Für Katzen bedeutet das „Draußen“ nicht die Bewegung an sich, sondern das Beobachten, das Riechen von anderen Düften, das Schleichen und Jagen.

Sicher gibt es einige Katzen, die man an Brustgeschirr und Leine gewöhnen kann, es ist aber die absolute Minderheit. Überlegen Sie sich das vorher sehr gut, denn es kann ziemlich lange dauern, bis sich eine Katze überhaupt an ein Brustgeschirr gewöhnt hat, und danach hat sie vielleicht gar keine Freude daran, an der Leine zu gehen. Gefällt der Katze dieser „Freilauf“, so muss man es auch regelmäßig betreiben, nicht nur wenn man Lust und Laune hat. Die Katze wird mit der reinen Wohnungshaltung nicht mehr einverstanden sein, miauend an der Tür stehen und nach draußen wollen.

Sie können versuchen, Ihre Katze an Halsband und Leine zu gewöhnen, doch wird sie niemals mit Ihnen „Gassi gehen“ wie ein Hund.

Gesunde Ernährung für

meine Katze

Liebe geht durch den Magen – dieser Spruch stimmt auch für Katzen. Zur Katzenliebe gehört aber weniger das gut gemeinte Vewöhnen mit allerlei Leckereien, sondern viemehr die artgerechte und ausgewogene Fütttrung, damit Ihre Katze fit und gesund bleibt.

Katzen würden Mäuse fressen

Um Ihre Katze optimal zu ernähren, müssten Sie ihr täglich ein paar Mäuse fangen. Mäuse entsprechen in idealer Weise dem Nährstoffbedarf unserer Katzen. Da die wenigsten Katzenbesitzer eine Mäusezucht betreiben und der Supermarkt noch keine „Dosenmäuse“ anbietet, muss man sich um die Ernährung unserer Stubentiger einige Gedanken machen. Mäuse sind deshalb ideal, weil ihr Fleisch das für unsere Katzen lebensnotwendige, leicht verdauliche Eiweiß liefert und als Energielieferant gut verwertbare Fette enthält. Der Magen- und Darminhalt mit seinen pflanzlichen Ballaststoffen sorgt für eine ungestörte Verdauung und die feinen Knochen für wichtige Mineralsalze und Spurenelemente. Diese Erkenntnisse hat sich die Industrie als Vorbild genommen und danach modernes Fertigfutter hergestellt. In ausgewogener Mischung enthält es leicht verdauliches Eiweiß, Fette, Kohlenhydrate, Mineralien, Spurenelemente und Vitamine.

Eine Maus ist eine durchaus ausgewogene Mahlzeit für eine Katze.

Richtige Ernährung sieht man
Damit Ihre Katze ein Fell wie „Samt und Seide“ bekommt und sich auch

sonst rundherum wohl fühlt, ist eine artgerechte Ernährung enorm wichtig. Haut und Haare sind die äußeren Merkmale, an denen man erkennen kann, ob die Katze richtig ernährt wird. Leidet die Katze an Mangelerscheinungen, zeigt sich das meistens an einem stumpfen Fell, kahlen Stellen im Fell, Krusten auf der Haut oder Apathie. Dann muss der Tierarzt zu Hilfe gerufen werden.

Die Mischung macht's: Nahrungsbausteine

Wie das Beispiel mit der Maus zeigt, sind Katzen keine reinen Fleischfresser. Ihr Futter basiert auf verschiedenen Ernährungsbausteinen.

Eiweiß Tierisches Eiweiß ist der Grundbaustein der Katzennahrung. Da Katzen einen außerordentlich hohen Bedarf an hochwertigem Eiweiß haben, sollte ihr Futter ca. 40 % Eiweiß enthalten. Um gesunde Augen, ein kräftiges Herz und eine makellose Haut zu haben, braucht die Katze die Aminosäure Taurin, die nur in tierischem Eiweiß vorhanden ist. Eine rein vegetarische Ernährung, bei der der Eiweißbedarf aus pflanzlicher Nahrung gedeckt wird, ist bei Katzen nicht möglich.

Fette Als Energiequelle und um die fettlöslichen Vitamine A, D und E aufnehmen zu können, benötigen Katzen Fette. Tierische Fette fördern zudem das Wachstum, sind für seidig glänzendes Fell und gesunde Haut verantwortlich. Bei Fettmangel ist die Katze anfällig für Krankheiten und oft ist er die Ursache für Unfruchtbarkeit.

Kohlenhydrate Stärke und Zucker sind die „Brennstoffe des Lebens". Die pflanzlichen Kohlenhydrate kommen in Getreide, Kartoffeln, Nudeln und Reis vor. Da die Katze diese aber roh nicht vollständig verdauen kann, müssen sie vorher aufgeschlossen, d. h. durch Kochen für das Verdauungssystem der Katze verwertbar gemacht werden.

Vitamine Die Katze benötigt keine Unmengen an Vitaminen, sie sind aber dennoch lebensnotwendig.

WICHTIG

Eiweißbedarf

Katzen benötigen als Beutetierfresser einen ungewöhnlich hohen Anteil an biologisch hochwertigem Protein. Dieser Eiweißbedarf ist bei ihnen höher als bei anderen Tieren, weshalb man Hunden keine Katzennahrung geben sollte. Da Hunde einen weitaus geringeren Proteinbedarf haben, ist umgekehrt Hundefutter auch für Katzen nicht geeignet.

Katzen können z. B. das fettlösliche Vitamin A nicht selbst bilden und es muss deshalb im Futter enthalten oder diesem zugesetzt werden. Vom in der Fischleber vorkommenden, ebenfalls fettlöslichen Vitamin D benötigen Katzen nur eine kleine Menge. Man muss mit diesem Vitamin äußert vorsichtig sein, da ein Zuviel davon zu Vergiftungserscheinungen und Knochenveränderungen führen kann. Die fettlöslichen Vitamine E und K gehören ebenso in die Nahrung, da sie für die Gesundheit eine wichtige Rolle spielen. Die wasserlöslichen Vitamine des B-Komplexes dürfen nicht fehlen, im Gegensatz zum Vitamin C, das der Katzenkörper selbst erzeugen kann und in Nahrung nicht enthalten sein muss.

Mineralstoffe Einer der wichtigsten Mineralstoffe ist Kalzium, das vor allem für die Knochenbildung, aber auch für die Blutgerinnung verantwortlich ist. An allen Funktionen des Stoffwechsels ist Phosphor beteiligt, und Magnesium sorgt für gesunde Nerven und Muskelfunktionen. Daneben werden Zink und Jod für die Fellbildung, Mangan, Kupfer und Eisen für eine ausreichende Blutbildung benötigt – allerdings nur in kleinsten Mengen als Spurenelemente.

Auf die Mischung kommt es an! Die Nahrung muss Eiweiß, Kohlenhydrate, Fette, Vitamine und Mineralien im richtigen Verhältnis enthalten.

Viele Katzen kommen schon angelaufen, wenn sie nur das Geräusch des Dosenöffners hören.

Die Auswahl ist groß – Fertignahrung

Wenn Sie das nun alles gelesen haben, können Sie sich vorstellen, dass eine optimale artgerechte Katzenernährung eine ganze Menge „Know-how" erfordert. Manchmal frage ich mich, wie Katzen in früheren Jahren überhaupt überleben konnten. Aber natürlich haben diese frei laufenden Katzen zusätzlich zu dem Futter, das sie vom Menschen bekommen haben, Mäuse gefangen und sich damit optimal ernährt.
Glücklicherweise nehmen uns heute die verschiedenen Katzenfutterfirmen die Arbeit der Futterzubereitung ab. Nach neuesten Erkenntnissen der Ernährungswissenschaft, wissenschaftlich kontrolliert, haltbar und in praktischer Verpackung. Fertignahrung gibt es im Handel als Feucht- und Trockennahrung. Achten sollte man darauf, dass es sich immer um Vollnahrung oder Alleinfuttermittel für Katzen handelt und das Mindesthaltbarkeitsdatum noch nicht überschritten ist.

Feuchtnahrung Die in Dosen verpackte Feuchtnahrung ist wohl jedem bekannt. Seit vielen Jahren bietet die Industrie dieses Dosenfutter in immer wieder neuen und verbesserten Rezepturen an. Dosenfutter besteht aus einer Mischung aus Fleisch, pflanzlichem Eiweiß und Getreide. Es wird mit Vitaminen und Mineralstoffen angereichert, und da es sich um Feuchtnahrung handelt, hat es ca. 80% natürliche Feuchtigkeit. Durch diese Feuchtigkeit wird ein großer Teil des Flüssigkeitsbedarfs der Katze abgedeckt.

Trockennahrung Der Unterschied zum Dosenfutter ist hier offensichtlich. Trockenfutter gleicht im Wesentlichen der Zusammensetzung des Dosenfutters, ihm wurde aber die Feuchtigkeit bis auf etwa 10 – 15 % entzogen. Deshalb ist, bei

Zusammensetzung von Feuchtnahrung

75 – 85 %	Wasser
10 – 12 %	Proteine
8 – 10 %	Fette
2 %	Kohlenhydrate
1 %	Mineralien

ausschließlicher Fütterung von Trockenfutter ganz wichtig, dass die Katze immer Wasser bereitstehen hat und trinkt. Trockenfutter ist, da viel Feuchtigkeit entzogen wurde, hoch konzentriert an Nährstoffen und dadurch energiehaltiger. Dieselbe Menge an Trockenfutter enthält drei- bis viermal so viel Kalorien wie Dosenfutter. Achten sollte man deshalb auf die Menge an Trockenfutter, die Katzen zu sich nehmen, denn bei einem Zuviel können sie leicht „aus der Form" geraten. Vorteile des Trockenfutters sind nicht nur die bequeme Lagerung, sondern es hilft, den gesamten Kauapparat zu kräftigen, indem die Katze beim Zerbeißen ihre Zähne gebrauchen muss.

Etwas für jeden Geschmack Gab es vor ca. 20 – 30 Jahren Fertignahrung nur in zwei oder drei Geschmacksrichtungen, so hat sich die Futtermittelindustrie inzwischen eine ganze Menge einfallen lassen – es gibt für jedes Schleckermäulchen die passende Sorte. Da Katzen in den verschiedenen Lebensphasen einen unterschiedlichen Energiebedarf haben, gibt es auch hierfür wieder ein spezielles Futterangebot. Für das heranwachsende Kätzchen, die erwachsene Katze, die ältere Katze und die übergewichtige Katze. Unter all diesen Angeboten muss der Katzenbesitzer nur noch herausfinden, was seine Katze am liebsten mag. Es gibt natürlich Geschmacksrichtungen, die Katzen überhaupt nicht mögen. Außerdem habe ich festgestellt, dass die Hersteller die Rezepturen immer mal wieder verändern, sodass eine Sorte, die ihnen heute geschmeckt hat, morgen im Mülleimer landet.

Futterneid: Das Futter wird schon mal gegen Artgenossen verteidigt.

WICHTIG

Feuchtfutter

Ein Nachteil des sehr weichen Feuchtfutters ist, dass die Zähne der Katze nicht genügend beansprucht werden. Bei ausschließlicher Fütterung von Dosenfutter kann es deshalb schneller zu Zahnerkrankungen kommen.

Eine Katze gehört nicht auf den Tisch und menschliche Nahrung sollte für sie grundsätzlich tabu sein.

TIPP

Abwechslung darf sein

Wechseln Sie immer wieder zwischen den verschiedenen Futtersorten und Geschmacksrichtungen, so kann sich Ihre Katze nicht auf eine Sorte festlegen und mit der Zeit zur schleckigen Naschkatze werden.

Leckere Abwechslung: Futter selbst gekocht

Es spricht nichts dagegen, dass Sie Ihrer Katze das Futter selbst zubereiten, wenn Sie Zeit und Muße haben und alle ernährungsphysiologischen Grundregeln berücksichti-

gen. Fleisch kann roh oder gekocht verfüttert werden. Die meisten Katzen werden es wahrscheinlich am liebsten roh essen, Mäuse werden ja schließlich auch nicht gekocht. Auf Schweinefleisch sollte man allerdings verzichten oder allerhöchstens durchgekocht geben, da durch rohes Schweinefleisch die Aujeszkysche Krankheit übertragen werden kann, die für Katzen absolut tödlich ist. Einmal in der Woche kann man einen Fischtag einlegen. Den Fisch aber immer kochen oder dünsten, denn das Fischeiweiß ist im gekochten Zustand verträglicher. Die Gräten müssen Sie sorgfältig entfernen. Außer gekochtem Fisch mögen meine Katzen auch Thunfisch im eigenen Saft aus der Dose, welchen ich ihnen manchmal in kleinen Mengen unter das Dosenfutter mische.

Vorsicht mit Leber Die meisten Katzen fressen sehr gerne Leber. Leber ist hervorragend geeignet, um die Verdauung zu regeln: Rohe Leber führt ab und gekochte Leber bewirkt das Gegenteil. Vorsicht ist jedoch bei einem Zuviel an Leber geboten. Da sie reich an Vitamin A, D und hochwertigem Eiweiß ist, kann es zu Knochenauswüchsen und Lähmungen kommen.

Regelmäßige Gewichtskontrolle ist sinnvoll.

TIPP

Miezes Lieblingsrezept

Grundrezept für eine Tagesration:
150 g rohes oder gekochtes Fleisch (Rind, Lamm, Truthahn oder Wild), gekochte Innereien oder gekochter Fisch
1 EL aufgebrühte Gemüseflocken
1 EL gekochter Reis
1 EL Hefeflocken

Unter dieses Grundrezept kann man einmal in der Woche zusätzlich ein Eigelb, 2 EL Hüttenkäse oder 2 EL Quark mischen.

Kochen Sie gleich eine größere Menge, die Sie portionsweise einfrieren, vor dem Servieren aber wieder auf Zimmertemperatur bringen.

Milch und Milchprodukte

Wer kennt es nicht, das Bild der Katze, die aus einer Schale Milch trinkt. Katzen trinken mit Vorliebe Milch und so glauben viele Menschen, dass Milch das Getränk für die Katze ist. Leider hält sich dieser Glaube bis in die heutige Zeit, obwohl die meisten Katzen Milch überhaupt nicht vertragen und davon Durchfall bekommen, weil sie den in der Kuhmilch enthaltenen Milchzucker bei der Verdauung nicht verwerten können.

Katzenmilch Damit man Katzen trotzdem ihre Schale Milch zukommen lassen kann, bietet der Fachhandel eine spezielle laktosereduzierte Katzenmilch an. Sogar Kapseln gibt es, deren Pulver man in der normalen Trinkmilch auflösen kann, die so für Katzen verträglich wird. Diese Milch ist aber eine

Katzen können Milch kaum widerstehen, doch sie löst oft Durchfall aus. Geben Sie Ihrer Naschkatze deshalb spezielle laktosereduzierte Katzenmilch aus dem Zoofachhandel.

Was bekommt denn diese Schildkröte zu fressen? Mal probieren, ob mir das auch schmeckt…

Nahrungsergänzung, kein Durststiller. Nach wie vor ist das richtige Getränk für die Katze Wasser.

Milchprodukte Quark, Joghurt, Hüttenkäse und andere Milchprodukte werden von den meisten Katzen gerne gefressen und, da sie aus vergorener Milch gewonnen werden, auch fast immer gut vertragen. Diese Produkte enthalten viel leicht verdauliches Eiweiß sowie Kalzium und sind daher eine wertvolle Ergänzung zu der üblichen Katzennahrung.

Es ist angerichtet: Katzen richtig füttern

Am einfachsten wäre es, Sie geben morgens die Tagesration in den Napf und die Katze bedient sich über den Tag. Leider fängt Frischfutter an zu riechen und auszutrocknen, dazu können Fliegen im Sommer ihre Eier auf dem Futter ablegen – wahrlich kein appetitlicher Anblick und auch Katzen schätzen das überhaupt nicht.

Erwachsene Katzen Eine erwachsene Katze sollte deshalb zweimal am Tag, am besten morgens und abends, gefüttert werden. Gewöhnen Sie sich an feste Futterzeiten, Katzen lieben Pünktlichkeit. Die tägliche Futterration wird auf zwei Portionen verteilt und in einen sauberen Napf gegeben. Nach spätestens einer Stunde sollten Futterreste entfernt und der Napf gereinigt werden.

Katzenkinder Da junge Kätzchen einen kleineren Magen haben, muss man ihnen kleinere Futter-

TIPP

Empfindliche Nasen

Katzennasen sind sehr empfindlich. Reinigen Sie deshalb Futter- und Wassernäpfe nur mit heißem Wasser und verzichten Sie auf Spülmittel oder sonstige Reinigungsmittel.

Ernährungstabelle

Alter der Katze	Körpergewicht in kg	Mahlzeiten pro Tag	Täglicher Bedarf an Dosenvollnahrung	Täglicher Bedarf an Trockenfutter
2 – 4 Monate	0,8 – 1,6 kg	4 – 5	190 – 300 g	30 – 75 g
4 – 5 Monate	1,6 – 2,0 kg	3 – 4	280 – 300 g	75 – 95 g
5 – 6 Monate	2,0 – 2,5 kg	2 – 3	230 – 280 g	85 – 95 g
6 – 8 Monate	2,5 – 3,5 kg	2	230 – 330 g	85 g
Ab 8 Monate	4,0 – 4,5 kg	2	300 – 330 g	80 – 85 g

mengen geben, d. h., sie müssen öfters am Tag gefüttert werden. Um gesund groß und stark zu werden, benötigen sie viele Proteine, Vitamine und Mineralstoffe. Der Fachhandel bietet deshalb speziell auf die Bedürfnisse von jungen Kätzchen ausgerichtetes Fertigfutter als Feucht- oder Trockenfutter an. Nach der Entwöhnung von der Muttermilch bietet man ganz jungen Kätzchen zunächst vier bis sechs kleine Mahlzeiten täglich an, am besten in einem gleich bleibenden Rhythmus. Ab vier Monaten kann man dann auf drei bis vier

TIPP

Ein Butler für die Katze

Sollten Sie Ihre Katze wirklich einmal über ein Wochenende allein lassen müssen und niemanden haben, der für sie sorgt, so hat die Industrie einen Futterautomaten entwickelt, mit dem man per Zeitschaltuhr seiner Katze regelmäßig frisches Futter zukommen lassen kann. Meiner Ansicht nach sollte dies aber nur eine Notlösung sein.

Mahlzeiten, ab dem fünften Monat auf drei Mahlzeiten und ab dem sechsten Monat auf zwei Mahlzeiten übergehen.

Katzensenioren Bedingt durch regelmäßiges Füttern und zu wenig Bewegung leiden besonders ältere und kastrierte Tiere immer häufiger, an Übergewicht. Inzwischen gibt es auch für diese Gruppe spezielle Katzennahrung von fast allen Herstellern, wobei gewährleistet sein muss, dass alle lebensnotwendigen Nähr- und Aufbaustoffe in der Nahrung enthalten sind. Neben der speziell abgestimmten Nahrung gilt auch hier: Für ausreichend Bewegung bei mindestens einer Spieleinheit täglich müssen Sie sorgen.

Wasser, der richtige Durstlöscher

In fast jeder Publikation über Katzenernährung und Trinkverhalten von Katzen lesen Sie, dass Sie Ihrer Katze stets frisches, sauberes Trinkwasser anbieten müssen, das möglichst zweimal am Tag erneuert werden sollte. Doch dann sehen Sie, wie Ihre Katze aus dem Blumenuntersetzer, aus der Gießkanne oder einem sonstigen Gefäß altes abgestandenes Wasser trinkt. Die Katzen meiner Mutter trinken mit Vorliebe das Wasser aus einem kleinen Teich im Garten. Bestimmt ist dieses Wasser voll von Mikroben und allen möglichen abgestorbenen Pflanzenteilen, aber anscheinend schmeckt es den Katzen, viel-

Wasser ist das richtige Getränk für Katzen. Und während die eine abgekochtes Wasser bevorzugt, trinkt die andere am liebsten direkt aus dem Hahn und die dritte hat es gerne aus der Glasschale.

Katzen- oder Zyperngras wird gerne geknabbert und das Grünzeug ist eine hervorragende Verdauungshilfe.

leicht gerade weil es natürlich und organisch ist. Dagegen scheint frisches Leitungswasser für Katzen mehr nach Chemie, Chlor und evtl. Spülmittelresten zu schmecken.

Das Lebenselixier Da Wasser das Getränk für die Katze ist, muss es immer bereitstehen, ob frisch oder auch mal abgestanden. Meinen Katzen gebe ich oft das Wasser aus einem Teekessel, den ich nach dem Kochen auf die heiße Herdplatte stelle, oder auch mal warmes Wasser.
Besonders beliebt ist das Wasser aus einem kleinen Zimmerbrunnen, der bei mir auf der verbreiterten Fensterbank steht.
Allerdings müssen Sie jetzt nicht glauben, dass eine Katze übermäßig viel Wasser trinken muss. Durchschnittlich sollte eine Katze 25 ml täglich trinken (die Toleranz liegt zwischen 5 und 80 ml). Das ist nicht viel, deshalb scheint es manchmal, als würden manche Katzen überhaupt nicht trinken. Da Fleisch, Fisch und Fertigfutter 70 – 80 % gebundenes Wasser enthalten, wird dadurch der tägliche Wasserbedarf bereits zu etwa 90 % gedeckt.
Um die Katze zu vermehrtem Trinken zu bewegen – besonders wichtig, wenn Sie ausschließlich Trockenfutter geben –, können Sie über das Futter auch ein wenig Kochsalz streuen. Dadurch wird vermehrt Wasser ausgeschieden und das Durstgefühl der Katze angeregt.

TIPP

Mehrere Wasserstellen

Stellen Sie eine oder mehrere zusätzliche Wasserschalen an verschiedene Stellen des Zimmers oder der Wohnung. Es entspricht dem natürlichen Verhalten von frei lebenden Tieren, immer wieder an verschiedenen Stellen einen kleinen Schluck zu nehmen. Außerdem wird durch mehrere Wasserstellen eine Verschmutzung des Wassers durch Futterreste vermieden.

Gras, die Verdauungshilfe

Ob Freilaufkatze oder Stubentiger, jede Katze benötigt eine Verdauungshilfe, egal ob es Gras oder eine Paste ist. Ein alter Spruch sagt: „ Wenn Katzen Gras fressen, gibt es Regen", was natürlich nicht stimmt, denn Katzen fressen auch in ganz regenarmen Gebieten Gras. Es bedeutet aber, dass schon immer beobachtet wurde, wie Katzen Gras fressen.

Gras gegen Haarballen Gras ist die natürliche Verdauungshilfe für unsere Katzen. Katzen verbringen sehr viel Zeit mit Putzen. Mit der rauen Zunge wird das Fell immer wieder abgeleckt. Dabei gelangen unzählige Haare in den Magen, die sich dort zusammenballen können und „Bezoare" bilden. Diese Haarballen können nicht auf natürlichem Wege ausgeschieden und müssen deshalb erbrochen werden. Jeder Katzenbesitzer erschrickt, wenn er das erste Mal seine Katze laut jammernd auf dem Boden sitzen sieht, während wellenförmige Bewegungen durch den Körper gehen und sie würgend Haare, Gras und Futterreste hervorbringt. Das ist aber ein ganz natürlicher Vorgang. Gelingt es der Katze nicht, diese Haarballen herauszuwürgen,

Nicht jede Katze hat das Vergnügen, ihre nächste Zwischenmahlzeit zu belauern, zu jagen und selbst zu fangen.

kann das zu einem ernsten, ja lebensbedrohenden Notfall führen. Sorgen Sie also immer dafür, dass Ihre Katze die Möglichkeit hat, an Gras zu knabbern. Alternativ dazu gibt es im Zoofachhandel eine Malt-Paste, die Sie ihr anstatt Gras regelmäßig geben müssen.

Vorbeugung Um der Haarballenbildung vorzubeugen, kämmen Sie Ihre Katze täglich gründlich durch. Dies ist während des Fellwechsels im Frühjahr und Herbst besonders wichtig. Inzwischen bietet der Fachhandel auch spezielle Futtersorten an, die der Haarballenbildung ebenfalls entgegenwirken.

Grünes für die Katz Wenn Ihre Katze keine Möglichkeit hat, draußen im Freien an Gras zu knabbern, können Sie ganz einfach ein Grasbüschel von der Wiese in einen Blumentopf pflanzen. Oder Sie säen Hafersamen in einen mit Erde gefüllten Blumentopf. Der Fachhandel bietet auch schon fertig ausgesätes Gras in Schalen an. Für meine Katzen bevorzuge ich Zyperngras aus dem Gartenmarkt, das dekorativer aussieht, nach mehrmaligem Gebrauch meiner Katzen aber öfters erneuert werden muss. Man kann jedoch leicht Ableger davon ziehen und so selbst für Nachschub für die Katze sorgen.

über ihre Mahlzeit, da sie dadurch auch manche nicht so bevorzugte Geschmacksrichtung in der Dose lieber fressen.

Nicht zu sehr verwöhnen Katzen sind schnell verwöhnt. Sollte Ihre Katze einmal krankheitsbedingt schlecht fressen und Sie verwöhnen sie mit besonderen Leckerbissen, gefällt ihr das auch, wenn sie wieder gesund ist. Seien Sie konsequent und gewöhnen Sie die Katze langsam wieder an normales Futter, indem Sie das gewohnte Futter langsam unter das „Verwöhnfutter" mischen.

Malt-Paste als Alternative zu Gras – viele Katzen mögen sie ganz gerne.

Drops, Bonbons und Co. – *Zusatzfuttermittel*

Bei einem Besuch in Ihrem Zoofachgeschäft werden Sie feststellen, dass es neben dem normalen Angebot von Dosen- und Trockenfutter noch jede Menge Zusatzfuttermittel in Form von Katzentabs, Katzenflocken, Pasten usw. gibt. Eine normale, gesunde, richtig ernährte Katze, benötigt diese Zusätze nicht. Es ist wie mit den anderen Leckereien: Sie müssen nicht sein, doch ab und zu als Belohnung ist bestimmt nichts dagegen einzuwenden. Meinen Katzen streue ich z. B. meistens ein Paar Hefeflocken

CHECK

Ratschläge für die richtige Katzenernährung

- Dosenfutter sollte immer mit Zimmertemperatur gefüttert werden. Noch lieber haben es Katzen bei etwa 38 Grad. Stellen Sie im Winter das Futter aus dem Kühlschrank eine Stunde vor dem Füttern auf die Heizung.
- Frisch gekochtes Futter muss vor der Fütterung abgekühlt sein, ebenfalls auf Zimmertemperatur oder etwas darüber.
- Menschliche Nahrung ist nichts für den Katzenmagen und Essensreste gehören nicht in den Futternapf der Katze.
- Stark gewürzte Nahrung kann bei Katzen Magenprobleme hervorrufen.

Schon kleine Miezen sind richtige Naschkatzen.

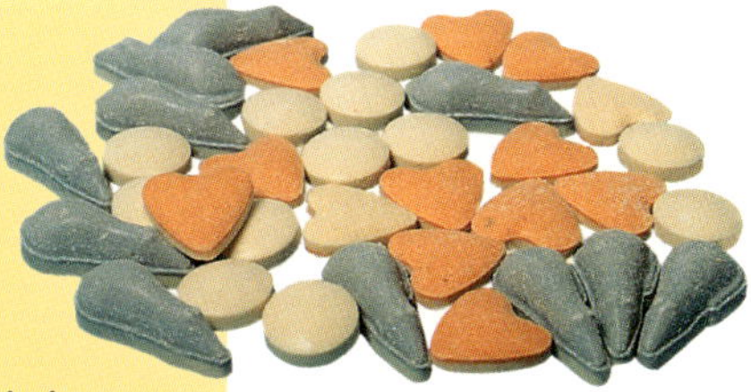

Katzen-Drops sind eine prima Belohnung für besondere Gelegenheiten.

- Abgestandenes Futter oder verdorbene Speisereste sind kein Futter für die Katze.
- Einseitige Fütterung, z. B. reine Fleischfütterung, ist schädlich für das Wachstum und den Knochenbau.
- Bieten Sie Ihrer Katze möglichst von vornherein immer wieder verschiedene Futtersorten an.
- Der Futterplatz sollte an einem ruhigen Platz sein. Vermeiden Sie Störungen während der Fütterung.
- Eine erwachsene Katze wird zweimal am Tag gefüttert, und zwar morgens und abends.
- Junge Katzen werden Mehrmals am Tag gefüttert, je nach Alter 4 - 6 mal.
- Füttern Sie möglichst immer zur gleichen Zeit. Katzen lieben Pünktlichkeit
- Stellen Sie den Wassernapf nicht neben den Futternapf, sondern an einen entfernteren Platz.
- Futterreste am Ende der Mahlzeit aus dem Napf entfernen und diesen nur mit heißem Wasser ohne Spülmittel gründlich säubern.
- Nach dem Essen nicht mit der Katze spielen. Die meisten Katzen möchten danach ihre Ruhe haben.
- Keinen rohen Fisch und kein rohes Schweinefleisch füttern. Von Eiern darf nur das Eigelb gegeben werden und höchstens einmal in der Woche.

Gepflegt von Kopf bis

Schwanzspitze

Eine Katze beschäftigt sich ausgiebig mit der Körperpflege. Mit einer artgerechten Haltung, einer ausgewogenen Ernährung und ein paar einfachen Maßnahmen mit Kamm und Bürste können Sie Ihre Katze bei Ihrer täglichen Schönheitspflege wirkungsvoll unterstützen.

Schönheit *kommt von* außen *und* innen

Über die Hälfte ihres Lebens verbringen Katzen dösend oder schlafend. Den größten Teil der wachen Zeit wird geputzt, gefressen und gespielt.

Von wegen „Katzenwäsche"! Sieht man die Katze sich putzen und schlecken, kann man sich nicht vorstellen, wer diesen Begriff erfunden hat. Nicht zuletzt auch wegen ihrer Reinlichkeit wurde die Katze als Heimtier immer beliebter. Gesunde Tiere putzen sich sorgfältigst und verscharren ihre Exkremente. Eine Katze, die ungepflegt und verwahrlost aussieht, ist deshalb meistens krank.

Die raue Zunge ist der Waschlappen für die Katze. Mit ihr putzt und leckt sie sich an allen Stellen, die sie erreichen kann. Das ist gleichzeitig Massage und Gymnastik. Beobachtet man sie dabei, sieht man erst, wie unglaublich beweglich Katzen sind – vor allem wenn sie die hinteren Partien ihres Körpers säubern: Beine hoch und mit dem Kopf unter den Schwanz. Für Stellen, die mit der Zunge nicht erreichbar sind, wird die Pfote mit Speichel eingeleckt. Die Zähne benützt eine Katze, um Verunreinigungen zwischen den Pfoten herauszuknabbern oder Fellknötchen zu glätten. Am schönsten ist es wieder, zwei Katzen bei der gegenseitigen Fellpflege zu beobachten.

Kamm und Bürste – Grundausstattung für die Schönheitspflege.

Krallenschärfen – ein Muss für große und kleine Katzen.

So hilft der Mensch Die wichtigste Pflege, die wir Menschen den Katzen angedeihen lassen können, ist artgerechte Haltung und gesunde Ernährung. Bei der Körperpflege können wir sie nur etwas unterstützen, denn die meiste „Arbeit" übernimmt eine Katze selbst.

Krallenpflege

Von lebenswichtiger Bedeutung für eine Katze sind ihre sichelförmigen Krallen. Sie werden zum Klettern, zur Verteidigung und – ganz wichtig – als Waffe zum Fangen der Beute benützt. Dieses „Handwerkszeug" muss natürlich regelmäßig gewartet, d. h. geschärft werden.

Krallen wachsen ständig nach Da Krallen sich durch den Gebrauch abnützen, müssen sie ständig nachwachsen. Die alten Krallenhülsen werden abgestreift und darunter kommen neue und an den Vorderpfoten messerscharfe Krallen hervor. Oft findet man diese Krallenhülsen auf dem Teppich oder unterhalb des Kratzbaumes. Die allermeisten Katzen betreiben ihre Krallenpflege selbst. Frei lebende Katzen wetzen ihre Krallen an Baumstämmen oder Holzpfosten ab. Da die Katze im Haus oder in der Wohnung auch Krallenpflege betreiben muss, leiden manchmal die Couchgarnitur oder andere Wohnungsgegenstände unter ihren Attacken. Um dem vorzubeugen, benötigt die Wohnungskatze einen

WICHTIG

Krallen
Krallen wetzen gehört zum normalen Verhaltensmuster einer Katze. Deshalb ist eine Krallenamputation, die früher möglich war und in einigen Ländern immer noch praktiziert wird, nicht nur eine körperliche, sondern auch psychische Verstümmelung der Katze. Diese Operation ist Tierquälerei und glücklicherweise laut Tierschutzgesetz verboten und strafbar.

Platz, an dem sie ihre Krallen abstoßen kann, also ein Kratzbrett oder einen Kratzbaum. Sollte die Katze die angebotene Kratzhilfe nicht benützen, so muss der Besitzer sie dazu erziehen.

Krallen schneiden Sollten Sie merken, dass Ihre Katze auf dem Teppich oder Teppichboden hängen bleibt, schauen Sie nach den Krallen. Manche Katzen vernachlässigen regelrecht die Krallenpflege und um ein Einwachsen der Krallen in den Fußballen zu verhindern, sollte man schon aus diesem Grund nach den Krallen sehen. Es ist relativ einfach, seinen Katzen die Krallen selbst zu schneiden. Der Fachhandel bietet spezielle Scheren dafür an. Lassen Sie es sich beim ersten Mal aber von Ihrem Tierarzt oder einem erfahrenen Katzenhalter zeigen.

Aufpassen muss man, dass man nicht zu viel wegschneidet. Kürzen Sie nur das vordere, nicht durchblutete Stück und knipsen Sie lieber zu wenig als zu viel ab. Die ganze Prozedur bezieht sich nur auf die Krallen der Vorderpfoten. Die Krallen der Hinterpfoten sind längst nicht so spitz und die pflegt die Katze mit ihren Zähnen selber.

Wenn Sie feststellen, dass Ihre Katze mit den Krallen im Teppich hängen bleibt, wird es Zeit, die Krallen vorsichtig zu kürzen.

Augenpflege

Katzenaugen sind klar und glänzend, und sollte sich im inneren Augenwinkel eine kleine Verkrustung befinden, so ist das kein Grund zur Sorge. Dieser „Schlafdreck“ lässt sich leicht mit den Fingern oder einem Papiertaschentuch entfernen. Ist die Kruste etwas hartnäckiger, so kann man das Taschentuch oder einen Wattebausch in warmes Wasser tauchen und damit vorsichtig die Verschmutzung lösen.

Nickhaut Die Katze hat ein drittes Augenlid, die Nickhaut, die sich bei Erkrankungen, aber auch wenn sich ein Fremdkörper im Auge befindet, zeigen kann. Sollte sie sich nicht nach kurzer Zeit wieder zurückschieben, muss der Tierarzt aufgesucht werden.

Ohrenpflege

Einmal wöchentlich sollte man der Katze in die Ohren schauen und, falls vorhanden, das Ohrenschmalz in der äußeren sichtbaren Ohrenmuschel sanft entfernen. Dazu benützt man am besten, wie für die Augen auch, einen leicht angefeuchteten Wattebausch oder ein Kosmetiktuch. Befinden sich in den tieferen Ohrgängen schwarze Krusten, sollten Sie vom Tierarzt abklären lassen, ob es sich um Ohrmilben handeln könnte.
Auf keinen Fall dürfen Sie mit einem Wattestäbchen tief in den Gehörgang hinein fahren und versuchen, diese Krusten zu lösen. Das kann für Ihre Katze äußerst schmerzhaft sein und sie wird Sie wahrscheinlich nie mehr auch nur in die Nähe ihrer Ohren lassen.

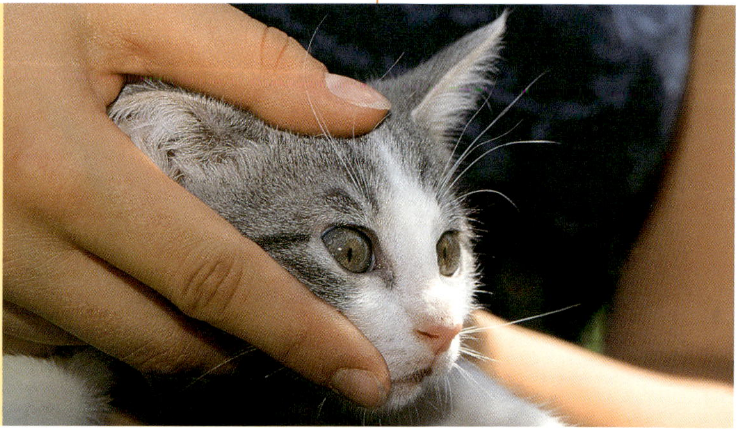

Kontrollieren Sie regelmäßig und ganz vorsichtig die Augen Ihrer Katze.

Die Zahnputzutensilien sind zwar hochinteressant, doch ob diese Katze ihren Einsatz genauso toll findet ...?

Zahnpflege

Immer wieder einmal lese ich in neueren Publikationen, dass man den Katzen die Zähne mit einer Zahnbürste reinigen soll. Das dürfen Sie gern mal mit Ihrer Katze ausprobieren – wahrscheinlich wird das erste gleichzeitig auch das letzte Mal sein. Unbedingt nötig ist es jedenfalls nicht.
Wichtig ist allerdings, dass Sie die Zähne regelmäßig kontrollieren, denn viele Katzen neigen leider zu Zahnfleischentzündungen und Zahnsteinbildung. Wenn Sie feststellen, dass Ihre Katze starke Beläge auf den Zähnen oder entzündetes Zahnfleisch hat, gehen Sie mit ihr zum Tierarzt.

Auffallend ist, dass frei laufende Katzen weniger Probleme mit den Zähnen haben. Das kommt daher, dass sie doch noch ab und zu eine Maus fangen und auf ihr herumkauen können. Bieten Sie Ihrer Katze zur Vorbeugung deshalb hartes Trockenfutter, Katzentabs oder in kleine Stücke geschnittenes Fleisch an. Bei diesen Nahrungsmitteln muss die Katze ihre Zähne gründlich zum Kauen benützen.

TIPP

Zahnkontrolle
Vergessen Sie nicht, bei den jährlichen Impfterminen vom Tierarzt eine Zahnkontrolle durchführen und, wenn nötig, den Zahnstein entfernen zu lassen.

Fellpflege

Alle Katzen, ob Lang- oder Kurzhaar, verlieren das ganze Jahr über Haare. Besonders viele sind es jedoch während der Zeit des Fellwechsels im Frühjahr und Herbst. Diese Haare fliegen und liegen natürlich in der Wohnung herum und man muss etwas häufiger putzen als Leute ohne Katze. Wenn Sie das nicht akzeptieren können, dürfen Sie sich kein Tier anschaffen. Mit ein bisschen mehr Pflegeaufwand in dieser Zeit hält sich aber auch das Putzen in Grenzen.

Fellpflege der Kurzhaarkatze
Viele meinen, eine Hauskatze oder Kurzhaarkatze müsste man nicht kämmen. Das ist bedingt richtig, übernimmt doch die Katze den größten Teil ihrer Fellpflege selbst. Besonders aber im Frühjahr, wenn die vielen Haare des Winterfells herausgehen, sollte man auch eine kurzhaarige Katze in der Fellpflege unterstützen.
Falls die Katze das Kämmen nicht gewöhnt ist, kann es zu Problemen kommen. Es ist deshalb ratsam, seine Katze das ganze Jahr über regelmäßig zu kämmen. Nicht nur, dass dadurch weniger Haare in den Magen der Katze gelangen, es liegen auch weniger Haare in den Wohnräumen herum. Besonders Katzen die nur in der Wohnung leben sollte man zwar nicht täglich, aber doch vielleicht alle paar Tage kämmen. Einige Kurzhaarrassen, wie die Exotic Shorthair oder Britisch Kurzhaar haben ein sehr dichtes Fell, das fast täglich gekämmt werden muss.

Fellpflege der Langhaarkatze Wer sich für eine Langhaarkatze entscheidet, muss von vornherein wissen, dass – besonders bei Perserkatzen – täglich gekämmt werden muss. Bei Langhaarkatzen muss der Mensch die Katze bei

TIPP

Wohlfühlpflege für Kurzhaarkatzen
Verwöhnen Sie Ihre Katze ab und zu mit dieser besonderen Wohlfühlpflege: Dazu beginnen Sie mit einer speziellen Gummibürste das abgestorbenen Haar zu bürsten. Danach kämmen Sie das Fell mit einem feinzinkigen Kamm durch und die restlichen Haare werden anschließend mit einer weichen Bürste entfernt. Zum Schluss reiben Sie Ihre Katze mit einem leicht feuchten Fensterleder ab. Sie werden staunen, wie schön sie danach aussieht. Und Ihre Katze wird diese besondere Aufmerksamkeit wie eine wohltuende Massage genießen.

Eine Katze bei der hingebungsvollen Fellpflege. Es ist kaum zu übersehen, wie sehr sie dieses Ritual genießt.

der Fellpflege unterstützen, da sonst das lange Fell zu schnell verknoten oder verfilzen kann. Halblanghaarrassen verzeihen dabei eher eine unregelmäßige Pflege, aber bei Perserkatzen sollte ein tägliches Kämmen zur Routine werden. Kann man im Sommer dabei schon einmal einen Tag überspringen, so ist es in der Winterzeit ein absolutes tägliches Muss.

Grundkämmen Beginnen Sie mit einem weitzinkigen Kamm am Hals der Katze und kämmen Sie sie bis zur Schwanzspitze durch. Achten Sie darauf, dass Sie bis zur Haut durchkämmen, und vergessen Sie nicht den Bauch, die Beine und die Region unter dem Schwanz. Dieses „Grundkämmen" sollte mit dem Strich der Haare vorgenommen werden. Kleine Knoten werden mit dem Kamm entfernt, aber bitte nicht zu sehr ziehen. Lieber nehmen Sie den Knoten zwischen die Finger und versuchen ihn so zu entwirren. Bevor Sie der Katze Schmerzen bereiten, nehmen Sie eine Schere und versuchen, den Knoten zu durchtrennen. Sollte auch das nicht möglich sein, so schneiden Sie ihn ab. Das sieht danach zwar nicht mehr ganz so schön aus, aber die Hauptsache ist, dass die Katze nicht leidet.

Von wegen Katzenwäsche! Zuerst wird das Fell am Körper mit Zunge und Zähnen gereinigt und geglättet, dann sind die Pfoten und Ballen dran.

Feinarbeit Sind keine Knötchen mehr im Fell und das Fell lässt sich mit dem groben Kamm gut durchkämmen, kann man mit einem feineren Kamm noch mal ans Werk gehen. Mit diesem Kamm werden auch der Kopf und das Gesicht gekämmt, eventuell kann man sogar mit einem Flohkamm noch etwas nacharbeiten.

TIPP

Öl gegen Schuppen
Hat Ihre Katze Schuppen im Fell, so können Sie ihr ein geschmacksneutrales Speiseöl wie Distel- oder Sonnenblumenöl unter das Futter mischen – oft hilft das.

Damit das Fell immer schön duftig bleibt und nicht so schnell verknotet, kann man der Langhaarkatze Talkum oder Babypuder in die Haare streuen und sie anschließend mit einer Glanzbürste – das ist eine Bürste mit feinen Drahtborsten – bearbeiten. Eine normale Borstenbürste ist für Perserkatzen völlig überflüssig, damit kann man höchstens oberflächliche Fellpflege betreiben. Für manche Halblanghaarrassen ist die Bürste aber durchaus sinnvoll.

Nur im Ausnahmefall Bei richtiger Pflege dürfte das Fell einer Langhaarkatze nicht verfilzen. Ist es aus irgendwelchen Gründen doch passiert, kann nur noch der Tierarzt helfen und das Fell der Katze in Narkose abscheren.

Schwanzpflege

Besondere Aufmerksamkeit und Behandlung benötigt der Schwanz der Katze. Schwanzhaare wachsen nicht so schnell nach wie die anderen Haare am Körper, deshalb sollte der Schwanz recht vorsichtig gekämmt werden, ohne dass viele Haare dabei ausgehen.

Fettschwanz Besonders unkastrierte Kater neigen zu einem Fettschwanz. Durch überaktive Talgdrüsen am Schwanzansatz kann so eine Fettschicht auf dem Schwanz entstehen. Das sieht natürlich nicht schön aus. Wird dieser Fettschwanz nicht besonders gepflegt, können hier die Haare ausgehen und kahle Stellen entstehen. Mit einem Spezialpuder – manche schwören auch auf Reis- oder Maismehl – kann man die Stelle auf dem Schwanz einreiben, einwirken lassen und danach vorsichtig auskämmen. Eine andere Methode wäre das Baden des Schwanzes mit einem fettlöslichen Spülmittel, das anschließend sorgfältig wieder aus dem Fell entfernt werden muss. Eine regelmäßige Pflege des Schwanzes hält auch hier den Aufwand in Grenzen.

Pflege und Stretching in einem: Gelenkig wie eine Katze ist, erreicht sie beim Putzen problemlos jede Stelle ihres Körpers.

Eine elegante Schönheit – hier ist ausgiebige Fellpflege gefragt, bei der auch der Mensch regelmäßig etwas mithelfen muss.

Baden – ja oder nein?

Bis auf die Türkisch Van Katze, die es anscheinend liebt, ins Wasser zu gehen, sind Katzen absolut wasserscheu, obwohl sie, wenn es unbedingt sein muss, natürlich schwimmen können. Deshalb ist ein Bad nur in Ausnahmefällen und aus therapeutischen Gründen vorzunehmen. Es ist nicht leicht, eine Katze zu baden, und es sollte auf jeden Fall eine zweite Person zum Helfen dabei sein.

Wenn auf Katzenausstellungen Schönheitskonkurrenzen sind, werden dafür viele Katzen gebadet. Besonders für Perserkatzen ist

das ein absolutes Muss und so werden die meisten von ihnen in frühester Jugend daran gewöhnt. Dass es ihnen gefällt, wage ich zu bezweifeln.

Urlaubspflege

Eine sehr wichtige Überlegung, bevor Sie sich für eine Katze entscheiden, ist die, wie die Katze im Urlaub versorgt werden soll. Weil diese Frage im Vorfeld oft nicht geklärt wird, landen immer noch viel zu viele Katzen im Tierheim oder werden einfach sich selbst überlassen. Die Katze kann ja Mäuse fangen und dadurch selbst für sich sorgen!

Urlaubsmuffel Grundsätzlich sind Katzen wahre Urlaubsmuffel. Wenn Sie auf einen Urlaub nicht verzichten wollen, wäre die ideale Urlaubsversorgung für Ihre Katze jemand, der bei Ihnen in der Wohnung wohnt und die Katze dort versorgt. Im Gegensatz zu Hunden sind Katzen an ihr Territorium gebunden und tun sich deshalb mit einem Ortswechsel sehr schwer. Fremde Umgebung und fremde Gerüche verleiten manche Katze wieder zum Urinabsetzen, da dadurch das Revier markiert wird. Fragen Sie deshalb rechtzeitig Nachbarn, Freunde, Bekannte oder Verwandte, ob sie nicht Ihre Katze im Urlaub versorgen können. Wenn diese „Catsitter“ nicht selbst in Ihrer Wohnung übernachten möchten, so genügt eine Versorgung am Vormittag und am Abend durchaus. Dazu noch ein paar Streicheleinheiten und die Katze fühlt sich wohler als auf den Bahamas!

Catsitter-Clubs Weil die Unterbringung einer Katze während des Urlaubs ein immer größeres Problem geworden ist, haben sich in vielen Städten Katzenhalter zu sogenannten „Catsitter-Clubs“ zusammengeschlossen. Die Clubs bieten während der Urlaubszeit eine Katzenbetreuung auf Gegenseitigkeit, nach dem Motto „Nimmst du meine Katze, nehme ich deine Katze.“ Da der Catsitter in

Katzen sind Urlaubsmuffel – am liebsten bleiben sie in ihrer vertrauten Umgebung.

CHECK

Vorbereitungen für den Katzensitter

- *Legen Sie einen genügend großen Futtervorrat für die Zeit Ihres Urlaubs an.*
- *Zeigen Sie dem Katzensitter, wo Futter- und Trinknäpfe ihren Platz haben.*
- *Stellen Sie genügend Streu für die Katzentoilette zur Verfügung.*
- *Legen Sie alle wichtigen Pflegeutensilien bereit.*
- *Lassen Sie den Katzensitter wissen, welches das Lieblingsspielzeug Ihrer Katze ist.*
- *Machen Sie den Katzensitter auch mit den Macken und Vorlieben Ihrer Katze vertraut, damit er keine unangenehme Überraschung erlebt.*
- *Hinterlassen Sie Ihre Urlaubsanschrift, den Impfpass und Adresse sowie Telefonnummer des Tierarztes.*

Zeigen Sie dem Katzensitter, was und wie viel Sie Ihrer Katze füttern.

die Wohnung kommt, muss man natürlich Vertrauen zu dieser Person haben. Es empfiehlt sich deshalb schon vor der Urlaubszeit Kontakt zu ihr aufzunehmen, so kann man auch die Eigenheiten, Futtergewohnheiten oder andere kleine Macken seiner Katze miteinander besprechen. Dabei können sich ganz nette Katzenfreundschaften entwickeln und für die Zukunft kann man beruhigter in den Urlaub fahren. Es gibt aber auch Catsitter, die die Katze für ein kleines Entgelt zu Hause betreuen, ohne dass eine gegenseitige Betreuung dazugehört. Adressen bekommen Sie beim örtlichen Tierschutzverein, beim Tierarzt, aus Katzenzeitungen, vom Zoofachhändler oder beim Verein Deutscher Katzenfreunde e.V.

Urlaub in fremden Revieren Es wäre auch möglich, die Katze zu einem Katzenfreund zu geben. Hier ist aber wieder das Problem, dass die fremde Umgebung zu einem zusätzlichen Stress für die Katze führen kann. Und da der Katzenfreund wahrscheinlich selbst eine Katze besitzt, kann man die Katzen meist nicht zusammenlassen, da sie sich ja nicht kennen. Die Urlaubskatze muss dann oft allein in einem Zimmer gehalten werden. Da ich selbst sehr gern verreise, stellt sich für mich auch immer das

Problem der Betreuung. Früher, als mein Vater noch lebte, hat er immer meine Katzen in meiner Wohnung versorgt. Er hat in der Wohnung übernachtet, am nächsten Morgen die Katzen versorgt, ist zum Frühstück nach Hause gefahren, um dann nach dem Abendessen wieder nach meinen Katzen zu schauen. Seit mein Vater nicht mehr lebt, bringe ich meine Katzen in das Haus meiner Mutter. Da sie selbst Katzen hat und diese meine Katzen nicht kennen, ist es nicht möglich, die Tiere für die kurze Urlaubszeit zusammenzubringen, und so ist das obere Stockwerk ganz für meine Katzen reserviert. Obwohl meine Katzen im Urlaub immer in diese Umgebung kommen, dauert es eine gewisse Zeit, bis sie sich an die doch wieder neue Umgebung gewöhnt haben.

TIPP

Gemeinsam ist Urlaub erträglicher

Ein weiterer Vorteil, wenn man zwei Katzen hält: Urlaub, getrennt von den gewohnten Menschen, lässt sich zu zweit viel leichter ertragen.

Gemeinsam überstehen wir den Urlaub unseres Menschen viel besser.

Katzenpensionen Natürlich gibt es auch Hotels für Katzen, so genannte Katzenpensionen, die Katzen während Ihres Urlaubs aufnehmen und versorgen. Für Katzen bedeutet es jedoch Stress, aus ihrer gewohnten Umgebung herausgenommen zu werden. Ein neues Territorium, fremde Menschen, frem-

Während Ihre Mieze zu Hause auf Sie wartet, begegnen Sie im Urlaub sicher anderen Katzen. Diese beiden hier „bewachen" einen Tempel auf Bali …

TIPP

Planen und Termine festlegen
Egal für welche Urlaubsbetreuung Sie sich entscheiden, wichtig ist, frühzeitig mit dem Catsitter Urlaubstermine abzusprechen oder die Tierpension zu reservieren.

de Gerüche – das alles belastet die Katze. So ist eine Katzenpension, mag sie auch noch so gut geführt sein, immer nur die zweitbeste Lösung für Ihre Katze. Die vorher bei den Catsittern genannten Institutionen können Ihnen auch sicher bei der Suche nach einer möglichst tiergerechten Katzenpension behilflich sein.

Vorher in Augenschein nehmen Bevor Sie Ihre Katze dort anmelden, wäre es sinnvoll, sich die Pension zuerst einmal ohne Katze anzuschauen. Wichtig ist natürlich die Sauberkeit und die Zusage, dass alle Pensionsgäste nur mit den erforderlichen Impfungen dort aufgenommen werden.
Eine wichtige Frage: Werden die Katzen einzeln gehalten und ist der Raum auch genügend groß? Oder gibt es nur Gemeinschaftsräume, die für die meisten Katzen überhaupt nicht geeignet sind. Eigentlich sollte man seinen gesunden Menschenverstand zur Rate ziehen und seine Katze nur in eine Pension geben, bei der man das Gefühl hat: „Hier ist meine Katze gut aufgehoben". Seine Katze, aus einer Notlage heraus, in die erstbeste Pension zu geben, ist bestimmt keine gute Lösung.

Wenn Katzen reisen Soll Ihre Katze mit Ihnen auf Reisen gehen, so gewöhnen Sie sie frühzeitig ans Autofahren. Nehmen Sie Ihre Katze erst einmal über ein Wochenende mit und beobachten Sie, ob ihr das gefällt. Wenn ja, können Sie einen Urlaub mit Katze planen. Das Urlaubsdomizil sollte nicht zu weit weg sein, eine Ferienwohnung oder – ein Haus wäre am besten geeignet. Geht die Ferienreise ins Ausland, so informieren Sie sich rechtzeitig über eventuelle Impfbestimmungen des Urlaubslandes.

... und dieser Kater durchstreift die Ruinen von Pergamon in der Türkei.

Lernen Sie Ihre Katze besser

verstehen

Schnurren und Miauen, Katzenbuckel und peitschender Schwanz – das kennen Sie sicher alles von Ihrer Katzen. Doch was bedeutet es? Lesen Sie, wie sich Ihre Katze mit Ihnen verständigt, wie Sie ihr Verhalten beeinflussen können und wie Sie gemeinsam Spaß beim Spielen haben.

Können Katzen sprechen?

Natürlich sprechen Katzen, und das besonders viel im Frühjahr, wenn Kätzinnen nach den Katern rufen. Dann hört es sich manchmal an wie Kindergeschrei. Siamesen sagt man eine große Kommunikationsfreude nach und meine silberne Perserkatze war ein richtiges Plappermäulchen.

Katzenlaute Zur Begrüßung gibt es ein kurzes „Mrau – schön dich zu sehen", und ein hohes feines „Mau" bedeutet einfach, dass die Katze glücklich und zufrieden ist. Mit tiefen, gurrenden Lauten lockt die Mutterkatze ihre Jungen zum Futterplatz oder sie will uns etwas zeigen. Bei einem bittenden knappen „Mau" will sie beachtet werden und bei einem tiefen Ton, der ganz schrecklich klingt, folgt das Erbrechen von Haarballen oder Futter. Haben Sie Ihre Katze schon einmal am Fenster gesehen und gehört, wie sie den Vögeln draußen schnatternd auflauert?
Fauchen, Knurren und Spucken sind die Töne für Aggression, Abwehr und Angriff.

Aufmerksamer Blick, die Ohren nach vorn – Achtung, jetzt spreche ich!

Ein Tag voller Abenteuer: Ich erkunde mein Revier und schleiche durch's Gebüsch …

Typisch Katze: Schnurren Der schönste Laut ist jedoch der Schnurrton, der Inbegriff einer sich wohl fühlenden Katze, obwohl das nicht unbedingt immer stimmt. Denn auch bei Schmerzen oder Angst können Katzen schnurren. Schnurrend liegt das junge Kätzchen an der Mutterbrust und es ist somit der erste Laut, den es von sich gibt. Übrigens können nur Katzen schnurren und es ist den Wissenschaftlern bis heute, trotz zahlloser unsinniger Tierversuche, noch nicht gelungen, das Geheimnis zu enträtseln, wie und womit Katzen schnurren.

Katzen sprechen mit dem Körper

Nicht nur akustisch teilen sich uns Katzen mit, auch durch ihre Körperhaltung können sie uns ihre verschiedenen Stimmungen anzeigen. Zur Begrüßung kommt Ihnen Ihre Katze mit erhobenem Schwanz entgegen, und streicht sie dann noch an Ihren Beinen entlang und „gibt Köpfchen“, drückt das ein Zusammengehörigkeitsgefühl aus. Mit ihrem Körperduft markiert die Katze Sie als ihr „Eigentum“.

Was Ohren und Schwanz verraten

Besonders an der Schwanz- und Ohrenstellung kann man erkennen, wie die Katze gerade bei Laune ist.

Der Schwanz Er wird normalerweise von der Katze in einer flachen S-Stellung getragen, wobei die Schwanzspitze einen leichten Bogen nach oben macht. Bei Aufregung fängt die Schwanzspitze an zu zittern, was sich bis zum starken hin und herpeitschen steigern kann. Gut beobachten kann man das, wenn die Katze einer Beute auflauert und angreift – ob echt oder nur im Spiel. Sie sitzt dabei in einer geduckten Haltung auf dem

TIPP

Katzenflüstern

Vielleicht flüstern Sie Ihrer Katze ein paar nette Worte ins Ohr und warten auf die Reaktion? Es soll schon Katzenflüsterer gegeben haben!

... danach halte ich Ausschau von meinem Lieblingsplatz aus und dann wird es Zeit für ein Nickerchen.

Boden und tretelt mit den Hinterbeinen, bis der Sprung und der Angriff erfolgt.
Im Gegensatz zum Hund, bei dem ein hin und her wedelnder Schwanz Freude ausdrückt, ist der peitschende Schwanz bei der Katze eine Drohung und bedeutet Gefahr, weshalb man ihr dabei möglichst rasch aus dem Weg gehen sollte.

Katzenbuckel und Flaschenbürste Sieht eine Katze sich plötzlicher Gefahr gegenüber – das kann z. B. eine fremde Katze oder auch ein Hund sein –, so macht sie einen Buckel, richtet die Rückenhaare auf und der gebogene Schwanz sieht aus wie eine „Flaschenbürste". Damit macht sich die Katze für ihren Gegner größer, als sie in Wirklichkeit ist, was den anderen einschüchtern soll. Bei diesem Imponiergehabe sind die Ohren flach nach hinten gelegt und auch ohne die anderen Merkmale sieht man schon an dieser Ohrenstellung, was in der Katze vorgeht.

Die Ohren Sie zeigen am deutlichsten die jeweilige Stimmungslage der Katze an. Die normale Stellung der Ohren ist nach vorne gerichtet und ruhig – dann ist alles in bester Ordnung. Bei der geringsten Beunruhigung bewegen sich die Ohren in alle Richtungen. Bei seitlich gestellten Ohren ist sie schon etwas ungnädig und möchte in Ruhe gelassen werden. Die nach hinten gerichteten Ohren signalisieren Wut und Aggression – akustisch oft von Fauchen und Spucken begleitet. Erhebt sie dann noch ihre Pfote, so ist das die letzte Warnung.
Dreht die Katze sich im Kampf auf den Rücken, so hat sie dabei alle vier Pfoten und damit auch ihre Krallen zur Verteidigung bereit – diese Körperhaltung hat also nichts mit Unterwerfung zu tun! Im Gegensatz dazu ist es ein Beweis von größtem Vertrauen gegenüber ihrem Menschen, wenn die Katze ihm in entspannter Haltung genussvoll ihren Bauch zum Kraulen und Streicheln überlässt.

Wer ist nicht fasziniert von diesen geheimnisvollen Katzenaugen?

So spricht die Katze mit Pfoten und Augen

Ein Überbleibsel aus frühesten Kindheitstagen ist das „Treteln", der so genannte „Milchtritt", wodurch das Kätzchen ursprünglich die Milchproduktion an der Mutterzitze angeregt hat.

Liebesbeweise und Waffen Dieses sanfte, bedächtige Treten mit den Vorderpfoten ist ein Ausdruck höchsten Wohlbehagens der Katze und sie macht das bis ins hohe Alter. Manchmal heißt es, das würden nur Katzen machen, die zu früh von der Mutter weggenommen worden sind. Das kann ich

Katzenbuckel: So versucht die Katze größer zu erscheinen und ihrem Gegner Angst zu machen.

Pfote geben: Bei einem Hund ist das eine verspielte Geste, bei einer Katze eine eindeutige Drohung.

aber nicht bestätigen, da bei mir oft Mutter und Tochter zusammenleben – und beide treteln. Es ist einfach ein Liebesbeweis. Andererseits sind die Pfoten der Katze auch ihre beste Waffe. Die messerscharfen Krallen sind nicht nur zum Fangen von Beute da, sie können dem Gegner durchaus auch ganz erhebliche Wunden zufügen.

Schau mir in die Augen, Kleines Nicht nur Ohren, Schwanz und Pfoten zeigen die Stimmung der Katze an, es ist der gesamte Körper und der Gesichtsausdruck, die als Einheit betrachtet werden müssen. In wachem Zustand sind die Augen offen und die Pupille ist entsprechend dem Lichteinfall angepasst. Katzen dösen sehr gern und dabei ist der Ausdruck ganz entspannt und die Augen sind halb geschlossen. Ärgert sich die Katze über irgendetwas, verengen sich die Pupillen, und die Schnurrhaare sträuben sich nach vorne. Bei größter Aufregung und kurz vor dem Angriff öffnen sich die Pupillen weit, die Schnurrhaare werden zurück- und die Ohren angelegt.

Katzensprache verstehen Kann man die Körpersprache von Katzen deuten, so ist nichts „Hinterhältiges“ an der Ausdrucksweise von Katzen. Menschen, die das behaupten, mögen keine Katzen und wollen sich deshalb auch nicht die Mühe machen, diese Tiere richtig zu verstehen.

CHECK

Lexikon der Katzensprache

- **Miauen**
  Kann viele Bedeutungen haben, von der Begrüßung bis zum Fordern von Futter. So macht die Katze auf sich aufmerksam.

- **Schnurren**
  Der typische Wohlfühllaut bei Katzen. Doch Achtung: Katzen schnurren auch, wenn sie Schmerzen oder große Angst haben.

- **Fauchen, Knurren, Spucken**
  Diese Laute bringt die Katze dann hervor, wenn sie aggressiv ist, einem Gegener droht oder gleich zum Angriff übergeht.

- **Schnattern**
  Dieser Laut ist eine so genannte Übersprungshandlung: Die Katze sieht vom Fenster aus einen Vogel, weiß, dass sie ihn nicht erreichen kann, und fängt vor Erregung an zu schnattern.

- **Um die Beine streichen, Köpfchen geben**
  So markiert die Katze nicht nur ihren Menschen als ihr „Eigentum", sondern auch wichtige Stellen und Gegenstände in ihrem Revier.

- **Schwanz in S-Form getragen**
  Die Katze ist entspannt und fühlt sich wohl und sicher.

- **Peitschender Schwanz**
  Große Anspannung beim Belauern einer Beute – das kann auch Spielzeug sein – oder gegenüber fremden Katzen oder Hunden.

- **Katzenbuckel**
  Das ist die Imponierhaltung einer Katze. Damit versucht sie größer zu erscheinen und einen Gegner vor dem Angriff einzuschüchtern.

- **Ohren nach vorn gedreht**
  Trägt die Katze die Ohren nach vorn gerichtet, ist sie entspannt.

- **Auffallendes Ohrenspiel**
  Die Katze hat etwas gehört, was ihre Aufmerksamkeit oder auch ihr Missfallen erregt hat.

- **Ohren nach hinten**
  Jetzt ist die Katze so richtig sauer. Achtung, es könnte gleich ein Angriff folgen.

- **Pfote heben**
  Das hat nichts mit dem freundlichen „Pfötchengeben" bei Hunden zu tun. Bei einer Katze ist es eine ernst gemeinte Drohung.

- **Treteln**
  Tritt die Katze beim Streicheln rhythmisch mit den Pfoten, so ist das ein großer Liebesbeweis und zeigt an, dass sie sich sehr wohl fühlt.

Miau!!

Wer glaubt, ein Autodach sei nicht der richtige Platz für eine Katze, der irrt.

Katzen sind echte Schmusekatzen

Katzen sind dafür bekannt, dass sie sich gern verwöhnen lassen. Jeder hat schon von einer „Schmusekatze" gehört – wir haben diesen Begriff nicht umsonst auf uns Menschen übertragen.

Lieblingsstellen Die meisten Katzen mögen es, wenn man sie an bestimmten Stellen krault. Diese Stellen können von Katze zu Katze verschieden sein und so muss der Mensch herausfinden, wo sie sich befinden. Dabei hilft die Katze ihm, indem sie an den angenehmen Stellen wohlig schnurrt. Unter dem Kinn und am anschließenden Halsabschnitt, da, wo der „Schnurrapparat" sitzt, mögen fast alle Katzen ein zärtliches Kraulen.

Viele mögen das Kraulen zwischen den Ohren, um die Ohren herum und am Halsansatz unterhalb der Ohren in Richtung Kinn. Am Bauch lassen sich nicht alle Katzen kraulen, ist es doch eine empfindliche

TIPP

Streichelexpedition

Unternehmen Sie doch einmal eine ausgedehnte Streichelexpedition mit Ihrer Katze. Wenn sie dazu in Stimmung ist, nehmen Sie sie auf den Schoß und beginnen ganz langsam, jeden Zentimeter ihres Körpers vorsichtig und zärtlich zu kraulen. Zwischen den Ohren, am Hals entlang, über den Rücken und am Bauch. Dabei entdecken Sie sicher die Lieblingsstreichelstellen Ihrer Katze – sie wird sie Ihnen durch Schnurren verraten. Sie werden sehen, es wird ein Vergnügen für Sie beide, bei dem auch Sie sich angenehm entspannen können. Und wie wäre es mit ein bisschen sanfter Musik dazu?

Die Sonne hat das Blech aufgewärmt und die wohlige Wärme macht angenehm schläfrig.

Stelle. Es ist ein besonderer Vertrauensbeweis, wenn die Katze es doch zulässt! Mein Kater „Bärli" liebt diese „Bauchmassagen" heiß und innig, wobei er alle vier Pfoten genüsslich von sich streckt, dabei laut schnurrt und leicht sabbert.

Angenehmes und Nützliches Liegt die Katze auf dem Schoß, so kann man ihr über den Rücken streicheln, was natürlich immer in Fellrichtung geschehen muss. Dabei kann man auch gleich ein bisschen Fellpflege betreiben. Es gibt natürlich auch Schmusemuffel, aber mit viel Geduld kann man vielleicht auch bei ihnen die Stelle entdecken, wo sie am liebsten gestreichelt werden.

Lieblingsbeschäftigung Dösen und Schlafen

Katzen verschlafen zwei Drittel ihres Lebens, egal ob sie Freigänger sind oder ausschließlich im Haus gehalten werden. Beobachtet man seine Katze dabei, wird man entdecken, dass es ganz verschiedene Arten von Schlafen gibt. Da ist zunächst ein eher dösender Schlaf, wobei die Katze die Stellung häufig wechselt und auch beim geringsten Geräusch sofort hellwach ist. In diesem Zustand kann sie viele Stunden des Tages verbringen, ohne dass sie wirklich wichtiges verpasst. Im Tiefschlaf kann sie dann mit den Pfoten oder den Mundwinkeln zucken, sodass wir Menschen glauben, sie träumt gerade von der spannenden Jagd nach imaginären Traummäusen. Ob und wovon sie in Wirklichkeit träumt, müssen Sie Ihre Katze fragen – oder es bleibt ihr Geheimnis. Meine Katzen geben im Tiefschlaf manchmal die absonderlichsten Töne von sich, ja ich habe sie sogar schon schnarchen gehört. Nach dem Schlaf recken und strecken sie dann die müden Knochen. Das bringt sie wieder in Schwung und wärmt die Muskulatur auf.

Mein Lieblingsspiel: Ball belauern …

Was gibt es Schöneres als Spielen?

Katzen spielen für ihr Leben gern, und das bis ins hohe Alter. Ist es nicht herrlich, einer spielenden Katze zuzuschauen!? Spielen hält die Katze gesund und fit. Es ist immer wieder erstaunlich, auf welche Ideen Katzen kommen und es gibt nichts, womit sie nicht spielen können – und seien es nur die Fransen vom Teppich.

Spielen ist Jagen Im ureigensten Sinne handelt es sich dabei immer um das gleiche Spiel: die Jagd. Nach dem Prinzip beobachten, lauern, anschleichen, springen und fangen wechselt nur der Gegenstand, mit dem gespielt wird. Alles was sich bewegt, sei es ein Schnurende, ein Tischtennisball oder ein trockenes Blatt im Wind, muss verfolgt, eingeholt, mit den Pfoten geschlagen, festgehalten und mit der Schnauze gepackt werden. Hat sie die „Beute", muss natürlich weitergespielt werden. Loslassen, hochwerfen, darüber springen und wieder fangen hält die Katze ganz schön fit und trainiert ihre Geschicklichkeit. Genau nach diesem Muster verläuft auch die Mäusejagd.
Denken Sie nicht, einer frei laufenden Katze genügt die Jagd nach Mäusen draußen. Nein, auch der größte Mäusefänger hat immer noch Zeit, sich dem Spiel – oder dem Training? – mit anderen Gegenständen zu widmen.

WICHTIG

Spiele sind ein wunderbarer Gradmesser für die Gesundheit. Junge Kätzchen, die überhaupt nicht spielen, sollten unbedingt dem Tierarzt vorgestellt werden.

Spielen ist Lernen Kleine Kätzchen lernen spielend, was sie zum Leben brauchen, nicht nur wie man eine Maus fängt, sondern auch wie man einem Feind entkommt oder sich einem Gegner stellt. Katzen sind die einzigen Haustiere, die diesen Spieltrieb ihr ganzes Leben lang so ausgeprägt beibehalten, und oft heißt es deshalb: Katzen werden nie erwachsen.

Spielen ist wichtig Besonders für Katzen, die nur in der Wohnung gehalten werden, ist es wichtig, immer wieder zum Spielen animiert zu werden, da ihnen der Zeitvertreib des Beobachtens und Entdeckens in der freien Natur verwehrt ist. Der Katzenhalter muss für Abwechslung sorgen und sich neue Spielideen ausdenken. Wer keine Zeit hat, mit seiner Katze zu spielen, sollte sich eigentlich gar kein Tier halten. Wie ein Hundehalter mit seinem Hund regelmäßig Gassi gehen muss, so muss der Katzenhalter mit seiner Katze spielen, gerade wenn sie ausschließlich in der Wohnung gehalten wird.

…und im richtigen Moment zuschlagen.

Die tollsten Spielideen für Stubentiger

Nach dem zuvor beschriebenen Schema laufen alle Spiele ab. Es muss nichts Aufwendiges geschehen, um eine Katze zum Spielen zu bringen.

- **Papiertiger** Eines der einfachsten Spielzeuge ist Zeitungspapier oder die „Luxusvariante“ Seidenpapier, das zu einem nicht zu großen Papierball zusammengeknüllt wird – ein wunderbares raschelndes Spielzeug, dem man herrlich hinterherjagen kann.

- **Schlangenjagd** Nehmen Sie eine dickere Schnur. Das Ende lassen Sie auf dem Boden aufliegen und gehen mit dieser Schnur in der Wohnung auf und ab und Sie werden sehen, wie begeistert Ihre Katze danach springt und sie zu fangen versucht. Man kann natürlich auch an das eine Ende eine Fellmaus anbinden, um so die Attraktivität zu erhöhen.

- **Fremde Federn** Meine Katzen lieben Pfauenfedern. Man kann die Katzen mit so einer Feder zum Hochspringen verlocken, sie anschleichen lassen und ab und zu muss man ihnen die Beute auch überlassen.

- **Katzenangel** Ein wunderbares Spielzeug ist eine Angel, an der eine Feder oder ein Bällchen hängt. Der Fachhandel bietet solche Spielzeuge an, man kann sie aber auch ganz einfach selbst basteln. An einen ca. 50 cm langen Stab wird an einem Ende eine Schnur angeknotet. An dieser Schnur befestigt man dann eine Feder, einen Papierball oder ein Glöckchen und schon kann das Spiel beginnen.

- **Höhlenforscher** Schneiden Sie ein paar Löcher in einen Karton und legen Sie eine Spielmaus oder einen Ball unter die Schachtel. Man könnte auch an einer Schnur an der Decke des Kartons ein Glöckchen

Das macht Katzen Spaß: Fellmaus, Rolle mit Glöckchen und Söckchen mit Katzenminze gefüllt.

befestigen. Da Katzen neugierige Tiere sind, ist es gerade das Versteck, das sie zum Spielen animiert.

- **Hüpfball** Oder Sie befestigen an einem oberen Türrahmen eine Schnur, deren obere Hälfte aus Gummi ist. Am unteren Ende wird wieder ein Papierball oder eine Feder angeknotet. Ihre Katze wird die höchsten Sprünge vollführen!

- **Lichtertanz** In fast jedem Haushalt gibt es eine Taschenlampe, mit der man die Katze nach dem Lichtkegel tanzen lassen kann.

- **Die Maus in der Falle** Schauen Sie mal, was der Fachhandel so alles an Spielen und Spielsachen anbietet. Bei Katzen beliebt ist ein Plastikring mit Öffnungen, in dem ein Tischtennisball „herumläuft", den die Katze mit ihren Pfoten immer wieder anstoßen und abfangen kann.

- **Seien Sie kreativ!** Irgendwann wird auch das tollste Spielzeug für die Katze langweilig und man muss das Spiel wechseln. Das heißt aber nicht, dass Sie jeden Tag ein neues Spiel erfinden müssen. Nach einer gewissen Zeit kann man die Spiele wiederholen. Räumen Sie das Spielzeug weg, sodass die Katze nicht mehr damit spielen kann. Irgendwann wird es so wieder attraktiv für sie.

Eine Fellmaus an der Angel animiert auch den faulsten Stubentiger zum Spielen.

Mit der Blumenspritze können Sie Ihrer Katze eine kleine Lektion aus dem Hinterhalt erteilen, ohne dass sie es Ihnen persönlich übel nimmt.

WICHTIG

Grundsätzlich darf man eine Katze niemals schlagen! Das kann zu extremen Verhaltensstörungen führen.

Ein wenig Erziehung geht auch bei Katzen

Katzen sind keine Hunde, die man dressieren kann, und mit „Sitz“ und „Platz“ kann man eine Katze sicher nicht herumkommandieren. Im Gegenteil, solche Kommandos mit lauter Stimme oder gar Handgreiflichkeiten können bei Katzen zu psychischen Schäden führen und sie scheu und ängstlich machen. Bis auf ganz wenige Ausnahmen gibt es deshalb auch keine „Katzendressuren“ im Zirkus oder auf der Bühne. Trotzdem sollte der Katze nicht alles erlaubt sein, was ihr gefällt. So kann man ihr mit viel Geduld und Konsequenz durchaus beibringen, was sie darf und was sie bleiben lassen sollte.

Verbote aussprechen An Möbeln und Tapeten zu kratzen gefällt vielen Katzen und ist für die Krallenpflege auch wichtig, nur der Platz ist falsch gewählt. Sie müssen der Katze deshalb eine Möglichkeit anbieten, wo sie ihre Krallenpflege betreiben darf. Damit sie auch an der für sie bestimmten Stelle ihre Krallen wetzt, müssen Sie die Katze von der nicht erwünschten Stelle mit einem energischen laut ausgesprochenen, „Nein“ wegnehmen. Danach zeigen Sie ihr die erwünschte Stelle und loben sie mit leisen Worten und einem Streicheln über ihr Fell. Das funktioniert natürlich nicht gleich perfekt, aber mit der Zeit genügt oft das „Nein“ und die Katze weiß Bescheid, dass sie etwas Unerlaubtes tut.

Mit einem Spielzeug, ein paar Leckerchen als Belohnung und sehr viel Geduld lernt vielleicht auch Ihre Katze das „Bitte, bitte"-Sagen.

Unterstützen kann man die Stimme noch mit Händeklatschen oder man schlägt mit einer zusammengerollten Zeitung in die Hand. In ganz hartnäckigen Fällen kann auch ein Spritzer aus der Wasserpistole oder Blumenspritze helfen.

Konsequenz Dieselbe Methode wendet man bei jedem unerwünschten Verhalten an, egal ob die Katze z. B. auf den Esstisch, die Küchenablage oder ins Wohnzimmerregal springen möchte. Wichtig dabei ist ein konsequentes Handeln. Eine Katze wird es z. B. nicht verstehen, warum sie normalerweise auf den Tisch springen darf und es niemand stört, es aber plötzlich lautstark verboten wird, weil nun Gäste zu Besuch sind.

Wichtig ist auch, dass man mit der Erziehung schon frühzeitig beginnt. Erlaubt man einem jungen Kätzchen, an den Hosenbeinen hinaufzuklettern und auf die Schulter zu springen, so mag das bei so einem Leichtgewicht noch lustig sein. Wenn aus dem kleinen leichten Kätzchen aber dann der sechs Kilo schwere Kater geworden ist, ist es mit dem Spaß vorbei.

TIPP

Eine Katze ist kein Hund

Wer als Haustier lieber einen Hund hätte, sich aber aus Zeitgründen für eine „pflegeleichtere" Katze entscheidet, wird sich mit dem Charakter der Katze schwer tun oder gar enttäuscht sein und sollte deshalb besser ganz auf ein Tier verzichten.

Körperliche und seelische Störungen äußern sich bei Katzen oft durch plötzliche Unsauberkeit.

Wenn Verhalten zum Problem wird

Katzen gehören zu den saubersten Tieren. Sie putzen sich ständig und verscharren ihren Kot und Urin – ob im frischen Gemüsebeet oder in der Katzentoilette für den Stubentiger. Schon ganz kleine Kätzchen, bei denen die Mutter den Analbereich nicht mehr reinigt, suchen sich einen Platz, an dem sie ihre Geschäftchen zudecken können. Deshalb muss man ihnen schon frühzeitig die Katzentoilette zeigen.

TIPP

Die einfachste Lösung

Wenn Ihre Katze plötzlich unsauber wird, suchen Sie zuerst nach der einfachsten Lösung: War die Katzentoilette wirklich jederzeit zugänglich und sauber? Auch das Aufstellen einer zweiten Toilette löst möglicherweise das Problem. Wenn das nicht hilft, müssen Sie nach anderen Ursachen suchen.

Unsauberkeit Im Gegensatz zu den Duftnoten, die unkastrierte Katzen und Kater als Reviermarkierungen setzen – was ein ganz normales Verhalten darstellt –, ist ein

Urinieren oder Kotabsetzen im Sitzen oder Hocken außerhalb der Katzentoilette eine Verhaltensstörung. Es könnte auch eine organische Ursache haben, z. B. eine Nieren- oder Blasenerkrankung, und man sollte diese Möglichkeit vom Tierarzt ausschließen lassen. Wenn die Unsauberkeit keinen organischen Grund hat, so handelt es sich fast immer um ein Verhaltensproblem, und hier den Grund herauszufinden kann sich als sehr schwierig erweisen.

Mögliche Gründe Meistens ist es ein Protestverhalten gegen irgendetwas, was die Katze stört. Das kann alles Mögliche sein: Ein neues Möbelstück , ein Wechsel der Streumarke, eine neue Katzentoilette oder ein angewendetes Desinfektionsmittel. Oft werden Katzen unsauber, wenn ein Baby geboren wird und sich alles um den neuen Erdenbürger dreht und die Katze vernachlässigt wird. Umgekehrt ist dies natürlich auch möglich, wenn ein lieb gewordener Mensch die Wohnung verlässt, sei es durch Scheidung oder Tod.

Mögliche Lösungen Bei solch psychischen Störungen helfen oft Bachblüten, die Sie sich von einem Tierheilpraktiker, speziell auf Ihre Katze abgestimmt, mischen lassen können. Viele Wohnungskatzen werden auch unsauber, wenn sie zu lange allein gelassen werden. Hier hilft oft eine zweite Katze, wobei man damit nicht zu lange warten sollte, denn eine ältere Katze gewöhnt sich nicht so leicht an eine zweite Katze.

Mit Geduld und Verständnis Egal welche Ursache die Unsauberkeit hat, mit viel Geduld muss man herausfinden, was der Katze nicht passt, und die Ursache beseitigen. Die Nase in das Häufchen zustecken hilft bei Katzen überhaupt nicht und ein Klaps auf den Po ist kein Mittel. Dadurch werden Katzen ängstlich, scheu oder aggressiv und die Probleme immer größer.

TIPP

Spuren beseitigen

Die Stelle, an der die Katze unerlaubt ihr Geschäft gemacht hat, muss so gereinigt werden, dass die Katze nichts mehr davon riecht. Putzen Sie mit Essigreiniger oder geben Sie ein paar Tropfen Zitronenöl auf die Stelle und verreiben es.

Bewährt hat sich ein Textilspray, das Gerüche überdeckt. Außerdem gibt es beim Tierarzt ein Spray, das, auf die entsprechenden Stellen aufgetragen, das Urinieren der Katze verhindern soll.

Die Wirkung von so genannten Katzenfernhaltesprays ist, wenn überhaupt, nur sehr kurzfristig und ihr Einsatz deshalb nicht zu empfehlen.

So bleibt Ihre Katze

gesund und fit

Ausgewogene Ernährung, regelmäßige Bewegung und ein gesundes Maß an Pflege bilden die Grundlage für die Gesundheit Ihrer Katze. Doch trotzdem muss der Besuch beim Tierarzt sein: für die jährliche Gesundheitskontrolle und die regelmäßigen Impfungen.

Der Tierarztbesuch

Genau wie Sie zu Ihrem Hausarzt Vertrauen haben sollten, gilt dasselbe auch für Ihren Tierarzt. Aber wie finden Sie den geeigneten Tierarzt?

Den richtigen Tierartz finden Es sollte natürlich einer sein, der sich besonders gut mit Katzen auskennt. Fragen Sie bei Freunden oder Bekannten, die auch eine Katze halten. Manchmal weiß auch der Zoofachhändler oder das Tierheim in Ihrer Nähe eine gute Adresse. Am besten stellen Sie die Katze zum ersten Mal im gesunden Zustand vor, etwa um erforderliche Impfungen zu besprechen. Dabei können Sie sich auch gleich einen persönlichen Eindruck verschaffen. Fragen Sie auch nach, an wen Sie sich in einem Notfall wenden können, wenn dieser außerhalb der Öffnungszeiten der Praxis eintreten sollte. Wichtig ist, dass Sie frühzeitig einen geeigneten Tierarzt finden und nicht erst im Notfall eine Adresse heraussuchen müssen.

Besuch in der Praxis Eine Katze sollte niemals auf dem Arm, an der Leine oder in einer Tasche zum Tierarzt transportiert werden. Ist Ihre Katze auch zu Hause das liebste und unkomplizierteste Tier, so bedeuten die fremden Tiere im Wartezimmer, der ungewohnte Geruch und Anblick doch Stress für sie. Es ist durchaus möglich, dass sich Ihre Schmusekatze dann in eine Furie vewandelt, völlig ausrastet und Sie sie nicht mehr festhalten können.

CHECK

Fragen, die der Tierarzt stellt

- ☐ *Wie alt ist Ihre Katze?*
- ☐ *Weshalb sind Sie gekommen? Zur Routineuntersuchung, zur Impfung oder wegen einer Erkrankung?*
- ☐ *Welche Impfungen hat die Katze bereits bekommen? Nehmen Sie am besten den Impfpass mit.*
- ☐ *Welche Symptome haben Sie bei Ihrer Katze beobachtet?*
- ☐ *Sind Ihnen sonst noch Veränderungen im Verhalten Ihrer Katze aufgefallen?*
- ☐ *Wann sind diese Symptome / Veränderungen zum ersten Mal aufgetreten?*

Deshalb benötigen Sie für den Transport zum Tierarzt unbedingt ein Behältnis, das ausbruchsicher ist. Am geeignetsten ist der schon erwähnte Transportkoffer, der auch einen Zugang über den Deckel hat. So kann man auch eine noch so ängstliche Katze am einfachsten herausnehmen.
Die Katze bleibt selbstverständlich während der Wartezeit in diesem Koffer, sollte sie auch noch so viel weinen oder kratzen. Im Sprechzimmer erklären Sie dem Tierarzt genau, welche Impfungen Sie für die Katze möchten oder, bei einer kranken Katze, was für Veränderungen Sie bei Ihrer Katze festgestellt haben. Bei all der Aufregung wäre es von Vorteil, wenn man sich schon zu Hause ein paar Notizen macht, damit man nichts vergisst.

Vorbeugung ist lebenswichtig – Impfungen

Haben Katzen wirklich sieben Leben? Dadurch, dass Katzen auch aus großen Höhen meistens auf ihren vier Beinen landen, glaubt das der Volksmund. Auch Verletzungen scheinen bei Katzen schneller zu verheilen. All das gilt aber nicht, wenn es sich um Infektionskrankheiten handelt. Glücklicherweise gibt es heute gegen die meisten schweren Infektionen eine wirksame Impfung.

Impfung über die Muttermilch
Junge Kätzchen werden ab den ersten Stunden ihres Lebens über die Kolostralmilch der Mutterkatze mit den wichtigsten Antikörpern versorgt, sodass sie bis zu einem Alter von etwa acht Wochen schon gegen viele Erkrankungen immun sind.

Grundimmunisierung Danach erfolgt für die Kätzchen eine Grundimmunisierung gegen die häufigsten Infektionskrankheiten, um so weiterhin geschützt zu sein. Je nach Erreger und Impfstoff müssen die meisten der Impfungen dann jährlich wiederholt werden.

Die häufigsten Infektionskrankheiten

- **Katzenseuche** (Panleukopenie) Ein hochgradig ansteckender Virus ist der Parvovirus, der die Katzenseuche verursacht. Apathie, Nahrungsverweigerung, blutiger Durchfall, Erbrechen und schnell ansteigendes Fieber sind die Krankheitsanzeichen dieser Seuche, die fast immer zum Tod führt. Schon seit längerer Zeit gibt es dagegen einen wirksamen Impfstoff.

Einmal jährlich steht ein Tierarztbesuch mit Impfung und Gesundheitscheck auf dem Plan.

Impfplan

Impfung gegen	Erstimpfung	Zweitimpfung	Wiederholung
Katzenseuche*	8. Woche	12. Woche	alle 2 Jahre
Katzenschnupfen*	8. Woche	12. Woche	jährlich
evtl. Leukose	14. Woche	16. Woche	jährlich
evtl. FIP	16. Woche	19. Woche	jährlich
Tollwut		1 x 12. Woche	jährlich

* kombinierter Impfstoff

Den Impfpass Ihrer Katze sollten Sie zu jedem Arztbesuch mitnehmen.

Katzenschnupfen (Rhinitis infectiosa) Tränende und verklebte Augen, vermehrter Speichelfluss, wässriger Nasenausfluss, Entzündungen der oberen Atemwege und der Mundhöhle sind untrügliche Anzeichen für einen Katzenschnupfen. Hört sich der Name auch relativ harmlos an, so kann die Behandlung recht langwierig sein und nicht selten kann der Schnupfen chronisch werden, führt aber nicht zum Tode. Katzen jeglichen Alters können daran erkranken, besonders anfällig sind Jungtiere. Verschiedene Viren und Bakterien sind für diese Erkrankung verantwortlich, was die Behandlung nicht gerade vereinfacht. Eine vorbeugende Impfung ist dringend anzuraten.

Katzenleukose (Feliner Leukämievirus, FeLV) Ein besonders heimtückischer Virus verursacht die Katzenleukose, wobei ein einmal infiziertes Tier leider nicht geheilt werden kann. An dieser Infektionskrankheit starben noch vor einigen

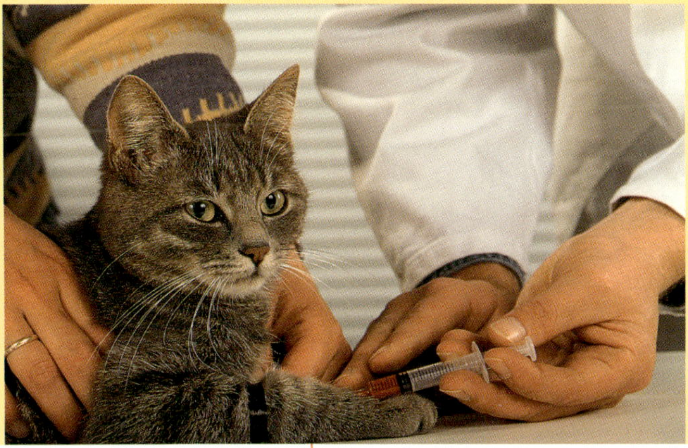

Um eine genau Diagnose stellen zu können, muss der Tierarzt Ihrer Katze vielleicht auch etwas Blut abnehmen.

Jahren sehr viele Katzen.
Eine Übertragung geschieht hauptsächlich durch Körperflüssigkeiten von Katze zu Katze, die sehr engen Kontakt miteinander haben. Außer über den Deckakt kann dies über den Speichel beim gegenseitigen Belecken oder Fressen aus einem gemeinsamen Futternapf sein. Wenn die gleiche Katzentoilette benutzt wird, kann auch über Kot oder Urin eine Übertragung erfolgen. Glücklicherweise überleben die Viren in der Umwelt nicht sehr lange und es kann fast ausgeschlossen werden, da man das Virus nach dem Kontakt mit einer infizierten Katze über die Hände, die Kleidung oder Schuhe weiterverbreiten kann. Außerdem sind die Viren nicht resistent gegen Desinfektions- und Reinigungsmittel. Vor einer Impfung, die es seit 1986 gibt, sollte ein Leukose-Test durchgeführt werden, der den Virus im Blut nachweisen kann. Bei positivem Befund sollte der Test nach etwa zwei Wochen wiederholt werden. Bleibt der Test positiv, ist eine Impfung natürlich unnötig, da sich die Katze infiziert hat und dann die Impfung nicht mehr helfen kann. Sinnvoll ist die Leukose-Impfung, wenn Katzen Kontakt mit anderen Katzen haben, wie z. B. beim Züchter. Achten Sie deshalb, wenn Sie ein Kätzchen bei einem Züchter kaufen, darauf, dass dieser seinen Bestand gegen Katzenleukose geimpft hat.

Feline Infektiöse Peritonitis (FIP)
Appetitlosigkeit, Fieber, Bewegungsunlust und meist ein unnatürlich aufgedunsener Bauch sind Anzeichen für die Bauchfellentzündung der Katze, die fast immer zum Tode des Tieres führt. Ein eindeuti-

Verhaltensänderungen wie ein gesteigertes Schlafbedürfnis können auf eine Krankheit hindeuten.

ger Übertragunsweg dieser Erkrankung konnte bis heute nicht nachgewiesen werden, man vermutet jedoch, dass Stress eine Katze dafür besonders anfällig macht. Der in den letzten Jahren entwickelte Impfstoff gegen FIP wird durch die Nase verabreicht, ist aber bei vielen Katzenkennern nicht unumstritten.

WICHTIG

Tollwut

Sind die anderen Infektionskrankheiten für den Menschen ungefährlich, so bedeutet der Tollwuterreger höchste Gefahr für den Menschen. Da das Virus das zentrale Nervensystem angreift, kommt es zu Wesensveränderungen, Lähmungen, Aggressivität, gefolgt von Krämpfen und Lähmungen, die schließlich zum Tode führen.

- **Tollwut** Für frei laufende Katzen ist die Impfung gegen Tollwut ein absolutes Muss. Durch den Biss infizierter Tiere wird der Virus auf andere Tiere übertragen. Und sogar für den Menschen ist Tollwut lebensgefährlich.

- **Feliner Immunschwächevirus** (FIV) Der FIV-Virus ist dem AIDS-Virus sehr ähnlich. Er verursacht eine Schwächung des Abwehrsystems, eine Übertragung auf den Menschen ist jedoch ausgeschlossen. Über Bissverletzungen, die sich vor allem kämpfende Katzen zufügen können, wird der Virus hauptsächlich übertragen. Fieber, schlecht heilende Wunden, vergrößerte Lymphknoten und Durchfall sind nur einige Symptome dieser unheilbaren Infektionskrankheit.

CHECK

Gesunde Katze	*Kranke Katze*
Die Augen sind klar und glänzend.	Die Augen sind stumpf, tränen, sind entzündet oder vereitert. Das dritte Augenlid (Nickhaut) ist sichtbar.
Das Fell ist seidig und glänzend.	Das Fell ist stumpf, glanzlos und struppig. Es zeigt kahle Stellen.
Sie hat einen guten Appetit und trinkt genügend Wasser.	Sie leidet an Appetitlosigkeit.
Sie putzt sich regelmäßig.	Sie putz sich wenig oder gar nicht.
Sie ist aufmerksam und spielfreudig.	Sie ist apathisch, schläft nur und versteckt sich.
Der Kot ist nicht zu fest und geformt.	Sie hat Durchfall oder Verstopfung.
Der Urin ist klar und gelb.	Sie uriniert kaum oder viel zu oft und hat Blut im Urin.
Sie hält ihr Gewicht.	Starker Gewichtsverlust oder plötzliche Gewichtszunahme.
Sie hat eine Körpertemperatur von 38 – 38,3 Grad Celsius.	Sie hat Fieber oder Untertemperatur.
Sie hat weiße Zähne und rosafarbenes Zahnfleisch.	Die Zähne sind gelb oder braun und das Zahnfleisch ist entzündet.
Die Nase ist leicht feucht.	Sie hat wässrigen oder eitrigen Nasenausfluss.
Sie erbricht nur nach der Aufnahme von Gras.	Sie erbricht mehrmals am Tage.
Sie hat eine normale Frequenz von 20 bis 40 Atemzügen in der Minute.	Sie ist kurzatmig, der Puls rast und sie atmet schwer.
Die Ohren sind aufgerichtet und innen sauber.	Sie schüttelt ständig den Kopf und streift mit den Pfoten über die Ohren.

Wenn das dritte Augenlid, die Nickhaut, so deutlich zu sehen ist, ist das ein ernst zu nehmender Hinweis auf eine Erkrankung.

Muss regelmäßig sein – Entwurmung

Nicht nur frei lebende Katzen, sondern auch Wohnungskatzen sind durch Würmer gefährdet und sollten deshalb regelmäßig, das heißt je nach Präparat mindestens ein- bis zweimal im Jahr vorbeugend entwurmt werden. Wurmeier sind sehr resistent können durch Kleidung und Schuhe auch in den Wohnungsbereich gelangen. Bei manchen Wurmarten besteht sogar die Gefahr, dass sie auch auf den Menschen übertragbar sind.

Verschiedene Wurmarten Am weitesten verbreitet sind die Spulwürmer, die vorrangig junge Kätzchen und die Mutterkatze befallen, weshalb die Kätzchen schon im Alter von vier Wochen zum ersten Mal und im Abstand von je einer Woche noch zweimal entwurmt werden müssen.
Über Mäuse, Fische oder Flöhe kann sich die Katze mit einem Bandwurm infizieren. Meist bemerkt man einen Bandwurmbefall an weißlichen Bandwurmsegmenten im Kot der Katze.
Hakenwürmer, Peitschenwürmer, Fadenwürmer und Magenwürmer sind weitere unangenehme innere Parasiten, welche die Katze befallen können. Heutzutage gibt es ver-

schiedene Mittel gegen alle diese Wurmarten. Sprechen Sie mit Ihrem Tierarzt über eine Prophylaxe.

Unangenehme Plagegeister – Fellparasiten

Fast jede frei lebende Katze macht einmal in ihrem Leben Bekanntschaft mit ungebetenen Fellparasiten, gegen die man möglichst schnell etwas unternehmen sollte.

Flöhe Besonders in der wärmeren Jahreszeit ist das Risiko groß, dass die Katze sich Flöhe einfängt. Selbst Katzen, die nur in der Wohnung gehalten werden, sind vor Flöhen nicht gefeit, denn der Floh ist ein wahrer Überlebenskünstler. Er kann beispielsweise an der Kleidung oder an den Schuhen hereingetragen werden. Man sollte deshalb, wenn die Katze sich vermehrt zu kratzen beginnt, immer an einen Flohbefall denken. Wird dieser Flohbefall nicht möglichst schnell

Nicht nur Freilaufkatzen sollten regelmäßig entwurmt und auf Fellparasiten untersucht werden.

behandelt, so kann die Katze ernsthaft erkranken. Mit jedem Stich eines Flohs gelangt Speichel in die Haut der Katze, der starken Juckreiz hervorruft, weshalb sich die Katze natürlich heftig kratzen muss. Dieses auffällige Kratzen zeigt dem Besitzer auch meist den Flohbefall an.

Schnell behandeln Selbstverständlich muss ein Flohbefall dringend behandelt werden, je früher, desto besser. Da Flöhe sehr fruchtbar sind, hat man sonst in kürzester Zeit einen wahren „Flohzirkus" zu Hause. Sprechen Sie mit Ihrem Tierarzt über die Behandlung der Katze und der Umgebung. Zum Glück gibt es heute genügend Mittel und Wege, diese Plage durch konsequentes Handeln schnell in den Griff zu bekommen.

Zecken Vorzugsweise im Frühjahr können Zecken frei laufenden Katzen große Pein bereiten. Im Unterholz aber auch im hohen Gras warten sie auf die Katzen, beißen sich fest um Blut zu saugen und fallen nach vier bis fünf Tagen ab. Katzen zählen neben den Menschen und Hunden zu den Risikogruppen, die Borreliose bekommen können, eine sehr schwere Erkrankung, die durch den Speichel der Zecke übertragen werden kann. Allerdings scheinen infizierte Katzen keine Gefahr für den Menschen darzustellen. Die einzige Möglichkeit seine Katze zu schützen ist ein Zeckenhalsband und die sofortige Entfernung der Zecke, am besten mit einer speziellen Zeckenzange. Lassen Sie sich von Ihrem Tierarzt beraten.

Kleiner Unterschied oder nicht – Kastration

Für einen Katzenliebhaber gibt es nichts Schöneres als jungen Kätzchen beim Spielen zuzuschauen oder die Katzenmutter zu beobachten, wie sie sich um ihre Jungen kümmert. Katzen sind wunderbare Mütter – und das bis zu dreimal im Jahr! Bei einer Wurfgröße von zwei bis sechs Jungen kann man sich leicht ausrechnen wie viel kleine Kätzchen, die ja auch wieder groß

TIPP

Flöhe entdecken

Bei Verdacht auf Flohbefall kämmen Sie die Katze mit einem Flohkamm durch. Die Rückstände im Kamm geben Sie auf ein Küchentuch. Sollten sich darauf schwarze Krümel – das könnte Flohkot sein – zeigen, so befeuchten Sie das Ganze mit Wasser, und wenn sich jetzt eine Rotfärbung wie Blut zeigt, so hat Ihre Katze sehr wahrscheinlich Flöhe.

werden und Junge bekommen, so eine Katze in ihrem Katzenleben auf die Welt bringt.

Überpopulation vermeiden Doch wohin mit all den süßen Kätzchen? Die Katzen sich selbst überlassen oder ab damit ins Tierheim, das ist sicher nicht die richtige Lösung. Um dieser „Produktion" Einhalt zu gebieten und einer Katzenüberpopulation und dadurch möglicherweise entstehendem Katzenelend vorzubeugen, hilft es nur, die Katzen unfruchtbar zu machen. Leider meinen immer noch viele Katzenhalter, man sollte doch den Katzen, besonders den Katern, ihre Freude lassen. Das Sexualverhalten von Katzen ist jedoch auf die Erhaltung der Art und nicht auf Vergnügen ausgerichtet. Jeder verantwortungsvolle Katzenfreund sollte deshalb seine Katze oder seinen Kater beim Tierarzt kastrieren lassen.

Der richtige Zeitpunkt Normalerweise – Ausnahmen gibt es natürlich immer wieder – werden Katzen im Alter von acht bis zehn Monaten geschlechtsreif. Dann wäre auch der Zeitpunkt für einen Kastrationstermin bei Ihrem Tierarzt. gekommen.

Ein Wurf kleiner Kätzchen ist etwas wunderbares – wenn er gut geplant und keine ungewollte Überraschung ist.

Katzen beim Liebesspiel. Wollen Sie nicht in regelmäßigen Abständen kleine Kätzchen aufziehen, lassen Sie Ihre Katze rechtzeitig kastrieren.

Kastration oder Sterilisation?

Von vielen Katzenhaltern höre ich immer wieder, wenn ich von Kastration der Katzen spreche, dass doch nur der Kater kastriert und die Kätzin sterilisiert wird. Der Tierarzt kennt diesen Satz auch, und wenn jemand in die Praxis kommt und von Sterilisation seiner Kätzin spricht, so wird er zur Kastration der Kätzin raten und das folgendermaßen erklären: Beide Geschlechter können sterilisiert und kastriert werden – mit unterschiedlichen Auswirkungen.

Sterilisation Bei der Sterilisation werden beim Kater die Samenleiter und bei der Kätzin die Eileiter durchtrennt. Dadurch behalten aber beide ihr typisches Sexualverhalten bei. Die Kätzin wird weiterhin rollig werden und nach den Katern schreien, während der Kater weiterhin fleißig sein Revier mit übel riechendem Urin markiert.

Kastration Bei der Kastration werden bei beiden Geschlechtern die Keimdrüsen vollständig entfernt und dadurch erlischt der Geschlechtstrieb mit all seinen negativen Begleiterscheinungen. Frei lebende Katzen werden jedoch auch nach der Kastration weiterhin Mäuse fangen. Warum sollte die Katze als geborene Jägerin das auch bleiben lassen? Manche Katzen legen allerdings nach der Kastration ein paar Gramm zu, was der Katzenhalter aber durch entsprechend viel Bewegung – also viel Spielen – und eine angepasste Fütterung durchaus unter Kontrolle halten kann.

Typisch Kater

Ein geschlechtsreifer Kater ist immer auf der Suche nach einer rolligen Katze. Sein Revier wird dabei ständig größer und er kann dadurch leicht zum Streuner werden.

Markieren Die unangenehmste und übelriechendste Angewohnheit von Katern ist aber ihr Revierverhalten. Um anderen Katzen anzuzeigen, dass dies sein Revier ist,

Ein kastrierter Kater ist ruhiger und nicht ständig auf der Suche nach rolligen Kätzinnen.

markiert ein Kater seine Umgebung mit Urin, d.h., er spritzt oft nur wenige Tropfen auf oder an markante Stellen. Dieses Verhalten zeigen auch Kater, die nur in der Wohnung gehalten werden. Deshalb ist es für einen Katzenzüchter auch nicht so einfach, einen Zuchtkater zu halten.
Will man nicht züchten, sollte man deshalb seinen Kater rechtzeitig kastrieren lassen, bevor er seine Umgebung „einduften" kann. Denn zu spät kastrierte Kater können das Markieren beibehalten, wobei der Urin dann allerdings nicht mehr ganz so penetrant riecht.

Ein kleiner Eingriff Die Kastration des Katers ist heutzutage eine Kleinigkeit. Sie wird unter Vollnarkose durchgeführt, wobei dem Kater die Hoden entfernt werden. Schon wenige Stunden nach der Operation kann er wieder herumspringen, als ob nichts gewesen wäre. Damit kein Schmutz in die, wenn auch kleine, Wunde hineingelangt, sollte der Kater möglichst noch ein bis zwei Tage im Haus gehalten werden.

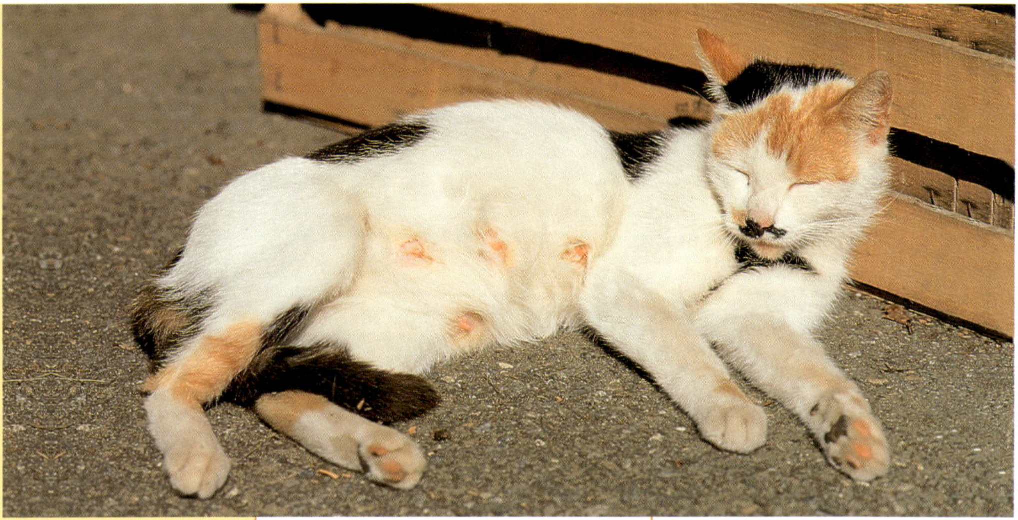

Bei einer säugenden Katze sind die Zitzen deutlich ausgeprägt.

Typisch Katze

Das Brunftverhalten bei der Kätzin nennt man Rolligkeit. Der Name sagt schon einiges über ihr Verhalten aus: Die Katze ist unruhig und rollt sich mit gurrenden Lauten auf dem Boden hin und her, tretelt mit den Hinterbeinen und erhobenem Hinterteil und ruft nach dem nächsten Kater. Das Rufen kann sich je nach Rasse zu sehr durchdringendem Schreien steigern. Dieser Zustand dauert ein paar Tage, wobei viele Kätzinnen in dieser Zeit oft das Fressen vergessen. Nur in diesem Zustand lässt eine Katze den Kater an sich heran und kann gedeckt werden.

Dauerrollig Die Rolligkeit dauert einige Tage. Wird die Kätzin in dieser Zeit jedoch nicht gedeckt, was man bei Wohnungskatzen durchaus zu verhindern weiß, so kann sich die Rolligkeit in relativ kurzer Zeit immer wieder wiederholen. Manche Katzen können auf diese Art dauerrollig werden. Das ist sehr unangenehm für die Katze – und auch für den Halter. Außerdem besteht dabei die Gefahr einer Gebärmutterentzündung. Um all dem vorzubeugen, ist auch bei Kätzinnen unbedingt zur Kastration zu raten. Möchten Sie mit Ihrer Katze nicht sofort aber in absehbarer Zeit züchten, so besteht auch die Möglichkeit, die Rolligkeit auf hormonellem Wege durch die „Pille für die Katze“ zu steuern.

Der Eingriff Die Kastration ist bei der Kätzin eine weitaus aufwendigere Operation als beim Kater. Bei ihr wird ebenfalls in Vollnarkose ein Bauchschnitt gemacht, um die Eierstöcke mit einem Teil des Gebärmutterhorns herauszunehmen. Nach dieser Operation benötigt die Kätzin unbedingt ein paar Tage Ruhe, und auch Freigängerinnen sollten diese Zeit möglichst in den eigenen vier Wänden verbringen. Dank Ihrer Fürsorge und Pflege wird Ihre Katze aber bald wieder ganz die alte sein.

TIPP

Veränderungen nach der Kastration

Viele Katzenhalter denken, dass sich nach der Kastration der Charakter der Katze verändert – was natürlich stimmt. Doch ich finde, er verändert sich zum Positiven. Die Kater werden meist etwas gelassener und streunen nicht mehr so viel. Und am wichtigsten ist natürlich, dass sie keine Duftmarken mehr setzen. Die Kätzin schreit nicht mehr nach den Katern und rollt nicht mehr herum. Beide Geschlechter können heimischer und verschmuster werden.

Ihre Katze wird auch nach der Kastration nicht dick, wenn Sie sie mit abwechslungsreichen Spielen fit und in Bewegung halten.

Einer Katze Medikamente zu geben, ist gar nicht so einfach. Eine unter das Futter gemischte Tablette wird sie mit Sicherheit aufspüren – und liegen lassen.

Wenn die Katze einmal krank ist

Katzen sind keine geduldigen und einfach zu handhabenden Patienten. Ist Tabletten eingeben oder Nahrung einflößen im apathischen Zustand noch möglich, so kann diese Tätigkeit schnell zur Zähmung einer Widerspenstigen ausarten, wenn die Katze sich auf dem Wege der Besserung befindet. Manche Katzen scheinen dann mehr als nur vier Beine und tausend Krallen zu haben.

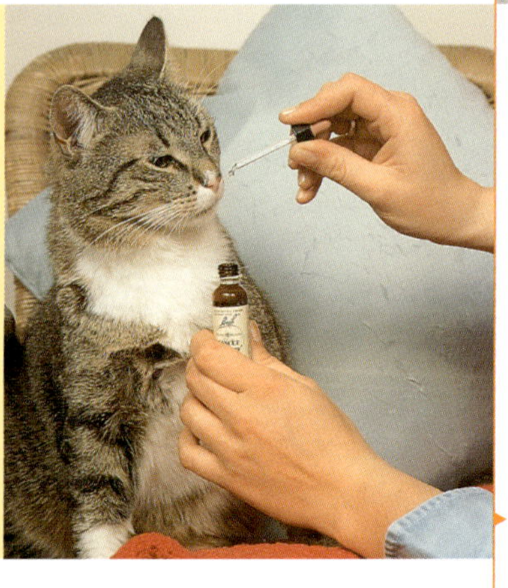

Einfacher geht es meist mit Medizin in flüssiger Form. Verwenden Sie dafür aber keine Glaspipette (Glas kann zerbissen werden), sondern eine Einwegspritze aus Kunststoff.

Medikamente geben Man kann versuchen, die Tabletten mit Vitaminpaste einzugeben oder auch im Futter zu verstecken, was die meisten Katzen aber ganz clever durchschauen und die Tabletten wieder herausbefördern, oft ohne dass man es merkt. Und schon hat die Katze die notwendige Medizin nicht bekommen!
Vorteilhafter sind Medikamente in flüssiger Form. Man kann sie in Einwegspritzen ohne Kanüle aufziehen und seitlich hinter den Eckzähnen in den Mundwinkel einspritzen.

Verbände Ein Verband stört die Katze im Allgemeinen und sie wird immer versuchen, diesen irgendwie abzubekommen. Man kann das dann meist nur durch das Anlegen einer Halskrause verhindern.

Krankenpflege Kranken Katzen sollte man auf keinen Fall einen

Eine kranke Katze braucht Ruhe, Wärme und Ihre sanfte Fürsorge.

Auslauf ins Freie erlauben. Da sie die Angewohnheit haben, sich zu verstecken, ist der richtige Aufenthaltsort für eine kranke Katze ein zugfreier Platz in der Wohnung. Am besten sperrt man sie in einen Raum ein, wo man sie gut beobachten kann, sie Ruhe und Geborgenheit hat und nicht von Kindern oder anderen Haustieren gestört wird. Man kann ihr in einem Karton ein extra „Krankenbett" einrichten. Dazu legt man auf den Boden ein weiches Bettlaken oder Handtuch. Braucht die Katze viel Wärme, kann man unter das Bettzeug ein Heizkissen legen. Viel Ruhe, Schlaf und zärtliche Fürsorge sind die beste Medizin für kranke Katzen.

Die Katze wird älter

Es ist nicht nur schön, was jung und fit ist. Sicher üben junge Kätzchen einen besonderen Reiz auf uns Katzenliebhaber aus, aber Kätzchen reifen eben schnell zu ausgewachsenen Katzen heran. Mit etwa einem Jahr sind Katzen je nach Rasse schon ausgewachsen.

Lebenserwartung Die Lebenserwartung von Katzen ist in den letzten Jahren dank besserer Ernährung und vorbeugenden Impfungen bedeutend höher geworden. Außerdem werden viele Katzen nicht mehr nur sich selbst überlassen, sondern der Mensch sorgt sich mehr um sie. Die reine Wohnungs-

Ältere Katzen lassen es gerne etwas ruhiger angeht. Was aber nicht heißt, dass sie nicht doch immer wieder noch zu einem flotten Spielchen aufgelegt sind.

haltung hat nicht nur unter Rassekatzen enorm zugenommen. So ist es keine Seltenheit, dass Katzen 16 bis 20 Jahre alt werden. Zwei von mir gezüchtete Katzen, eine Britisch Kurzhaar und eine Perser Colourpoint, wurden sogar 21 Jahre alt, was außerdem gegen die Auffassung spricht, dass Rassekatzen auf Grund genetischer Defekte nicht so alt werden können.

Das Verhalten ändert sich Durch ihren ausgeprägten Spieltrieb scheinen Katzen sehr lange fit zu bleiben. Ungefähr ab dem siebten Lebensjahr setzt eine Verlangsamung ihrer Lebensvorgänge ein, was aber nicht unbedingt von Ihnen bemerkt werden muss. Bei meinen Katzen habe ich so ungefähr ab dem zehnten Lebensjahr bemerkt, dass sie nicht mehr so lange und ausdauernd spielen. Das kommt aber auch immer auf die einzelne Katze an. Ältere Katzen schlafen etwas länger und manche werden sogar schmusiger. Die Futtermittelindustrie hat speziell auf die Bedürfnisse älterer Katzen abgestimmtes Futter in ihrem Sortiment.

Abschied nehmen Nicht nur ältere Katzen können an Krankheiten leiden, bei denen auch der erfahrenste Tierarzt nicht mehr helfen kann. Es ist auf jeden Fall eine der schwersten Entscheidungen, die ein Katzenhalter treffen muss, sein geliebtes Tier einschläfern zu lassen. Das Leiden einer unheilbar erkrankten Katze zu verlängern und zu warten, bis sie von alleine stirbt, entspricht ganz sicher nicht dem Tierschutzgedanken.

Der Tierarzt verfügt über Mittel, die es erlauben, einer solch todkranken Katze zu helfen und Schmerzen und Siechtum nicht unnötig zu verlängern. Kein Tierarzt schläfert ein Tier unnötig ein, denn auch für ihn ist das keine angenehme Aufgabe und so wird er zu diesem letzten Schritt nur raten, wenn er davon überzeugt ist, dass es unbedingt richtig und notwendig ist.

Normalerweise findet die Euthanasie im Sprechzimmer des Tierarztes statt, d. h. der Tierhalter bringt sein Tier zum Tierarzt. Ich habe das Glück, dass mein Tierarzt zu mir in die Wohnung kommt und dort, in der gewohnten Umgebung der Katzen, die Spritze gibt. Dabei halte ich die Katze auf meinem Arm, denn diesen letzten Liebesdienst bin ich meinen Tieren schuldig, so schwer es mir auch fällt.

Ausnahmen gibt es natürlich, z. B. wenn bei einer Katze während einer Operation ein Tumor oder sonst eine schwere Erkrankung diagnostiziert wird, so dass man sie nicht mehr aus der Narkose aufwachen lassen muss.

Ein letzter ruhiger Ort Danach kommt die traurige Frage: „Was mache ich mit der Katze?“ Spontan lassen viele Tierbesitzer den Leichnam in der Tierarztpraxis, wo er dann bei der Tierkörperbeseitigungsstelle landet. Der Tierfriedhof ist eine Möglichkeit, es gibt aber auch seit ein paar Jahren die Alternative der Einäscherung. Wer einen Garten besitzt, kann sein Kätzchen auch dort bestatten, wenn er die gesetzlichen Bestimmungen beachtet. Viele Tierfreunde, denen ein Tier verstorben ist, wollen keinem Tier mehr eine Heimstatt bieten, da der Schmerz, es wieder zu verlieren, zu groß wäre. Ist es aber nicht so, dass die Freude, die uns ein Tier in seinem manchmal auch nur kurzen Leben gibt, diesen Schmerz mehrfach überwiegt?

TIPP

Katzenalter

Das erste Lebensjahr einer Katze entspricht dem ersten Lebensabschnitt eines Menschen bis etwa 15 oder 18 Jahre, also Kindheit und Pubertät. Ein Katzenalter von zwei Jahren entspricht dem eines Menschen von ungefähr 24. Dann geht es in Viererschritten bis zum 16. Lebensjahr der Katze weiter, in Menschenjahre umgerechnet wäre sie dann also 80. Danach zählt man je Lebensjahr der Katze drei Menschenjahre. Das heißt, eine 20-jährige Katze entspricht also etwa einem 92-jährigen Menschen.

Körper, Geist

und Sinne

Das Verhalten von Katzen lässt sich mit einem Wort beschreiben: Seltsam. So fällt es uns Menschen häufig schwer, ihre Beweggründe, ihre Widersprüchlichkeiten, ihre ausgeprägte Individualität zu verstehen. Dadurch bleibt aber auch das Zusammenleben mit einer Katze spannend.

Katzen sind Individualisten

Warum geraten Katzenhalter ins Schwärmen über ihre Mieze? Worüber erzählen sie ihrem Nachbarn? Sicher nicht über das, was man als normales Verhalten der Katze bezeichnen könnte. Es sind die Eskapaden ihres kleinen Lieblings, die kleinen Abenteuer und Tricks, die zur Sprache kommen. Zieht man alles das einmal ab, was die Leute sich an Besonderheiten über Katzen erzählen, müsste eigentlich das Bild einer ganz normalen Katze übrig bleiben. Doch was bleibt dann als Quintessenz einer Katze: Fressen, schlafen, saufen, Toilette, gelegentliche Schmusestunden und stundenlanges Fortsein – so würden die meisten Ehefrauen auch ihre Männer beschreiben oder ihren Hund. Das kann also nicht das typisch Kätzische sein. Es sind also die individuellen Verhaltensweisen von Katzen, die das Besondere ausmachen.

Erbfaktoren Der Wissenschaftler, der versucht, „das" Katzenverhalten zu erforschen und zu erklären, hat's deshalb nicht leicht. Natürlich gibt es auch bei Katzen ein genetisches Programm, das das Tier veranlasst, sich biologische und psychische Grundbedürfnisse in einer bestimmten Art und Weise zu erfüllen. Dieses Bioprogramm wird dann aber individuell ausgestaltet und es ist schwer zu sagen, wie stark die Katze durch die Erbfaktoren geprägt wird und wie hoch der Anteil ist, den die persönlichen Erfahrungen ausmachen.

Individualität Sie entsteht durch die Prägungsphasen der Katzenkindheit, durch nachfolgende Erfahrungen während der Erwachsenenzeit und durch die Möglichkeiten, die einer Katze geboten sind, zum Beispiel Freilauf oder nicht. Andere Menschen und Tiere prägen das Verhalten von Katzen, das Alter, die Rasse, das Geschlecht, die Fellfarbe, das Wetter, die Jahreszeit und vielleicht sogar die Mondphasen spielen eine Rolle. Manche glauben sogar daran, dass das Sternzeichen die Katze beeinflusst. So ist es bei einer Katze schließlich ganz normal, wenn sie nicht ganz normal erscheint.

Funktion des Gehirns

Viele Katzenhalter sind davon überzeugt, dass ihr Liebling alles kann, aber vieles nur deshalb nicht tut, weil er nicht will. Und welcher Halter hat sich noch nicht bei dem Gedanken ertappt, dass ihm seine Mieze etwas verheimlicht, dass sie sich nur dumm stellt, dass sie genau weiß, was man will, sie aber genauso weiß, dass es klüger ist, dies nicht zu verraten? Ihre geistigen Fähigkeiten wirklich zu erfassen, ist äußerst schwierig und auch für Wissenschaftler kaum nachzuweisen. Denn auch sie können nie mit Sicherheit wissen, ob die jeweilige Test-Katze soeben Lust auf einen Intelligenz-Test hat oder nicht.

Anatomie Aus anatomischer Sicht ist das Hirn einer Katze relativ klein und sogar im Zuge der Domestikation geschrumpft, ein Vorgang, der bei vielen Haustier-Rassen zu beobachten ist. Daraus zu entnehmen, dass die heutigen Katzen dümmer sind als ihre damals noch wild lebenden Vorfahren, kann ein Trugschluss sein. Möglicherweise brauchen moderne geistige Fähig-

Klein, aber fein. Der intelligente, forschende und neugierige Gesichtsausdruck täuscht nicht. Das Gehirn einer Katze mag zwar klein sein, doch im Verhältnis zum Körper ist es recht groß und in seiner Struktur dem unseren sehr ähnlich.

keiten nur weniger Speicherplatz oder sie können komprimierter abgelegt werden. Computer werden ja auch immer kleiner und leistungsfähiger.

Größe des Katzenhirns Das absolute Gewicht des Gehirns von 20 bis 30 Gramm sagt ohnehin nur wenig über die Intelligenz aus. Viel bedeutender ist sein Aufbau und in welchem Verhältnis sein Gewicht zu dem des Körpers steht. Beides, die Struktur und das Gewichtsverhältnis, ist bei der Katze ausgezeichnet: „Bei der Katze ist es günstiger als bei allen anderen Säugetieren, mit Ausnahme der Affen und der Menschen", kann man im Buch „Die Katze" (hrsg. von Michael Wright und Sally Walters) nachlesen. Und: „Noch wichtiger ist, dass die Katze das für alle intelligenten Tiere typische hoch entwickelte Gehirn aufweist."

Großhirn Katzen haben wie wir Menschen ein Großhirn mit linker und rechter Hemisphäre, das das bewusste Verhalten steuert. Dort werden alle Sinneseindrücke verarbeitet und gespeichert. Wissenschaftler können heute einige Regionen genau benennen, solche für das Sehen, für Geruch und Geschmack, für das Hören und das Fühlen.

Gewusst wie! Einen Baum hinauf und hinunter zu klettern, müssen Katzen nicht lernen, sondern nur üben. Die meisten Bewegungsabläufe erfolgen automatisch und viele davon unterliegen sogar einem festgelegten Schema.

Kleinhirn Daneben gibt es noch das bei Katzen relativ große Kleinhirn, das Bewegung und Gleichgewicht steuert. Es folgt der Hirnstamm, der die Schlaf-Wach-Phasen regelt; und schließlich gibt es den Hypothalamus, der für den Bereich der Instinkte und Triebe zuständig ist und für Empfindungen wie Angst, Aggression, Hunger, Sexualität, Fortpflanzung und einige andere hormonell gesteuerte Verhaltens- und Vorgehensweisen des Körpers verantwortlich ist. Vom Aufbau und den Funktionen ist ein Katzengehirn dem von uns Menschen somit ziemlich ähnlich. Dennoch sagt es im Grunde nicht viel darüber aus, wie intelligent ein Tier wirklich ist.

***Überall zu Hause.** Die Intelligenz von Säugetieren zeigt sich auch daran, wie flexibel eine Art sich veränderten Lebensumständen anpaßt. Und darin sind Katzen große Klasse. Sie überleben im warmen Süden genauso gut wie im kalten Norden.*

Intelligenz

Als einen Indikator für Intelligenz kann man das Erinnerungsvermögen ansehen. Wie steht es hier mit der Katze? Man sagt, sie hat ein Gedächtnis wie ein Elefant: Eine Erfahrung genügt und sie vergisst – mit Ausnahmen – Unangenehmes (z.B. einen Tierarztbesuch) nie wieder. Aber ist das klug? Besser wäre es, neue Erfahrungen zuzulassen, um eine angstbesetzte Prägung loslassen zu können. Aber das ist bei der Katze schwierig. Denn eine solche Prägung sichert normalerweise das Überleben (z.B. Angst vor einem Hund).

Gedächtnis Beim Menschen unterscheidet die Wissenschaft das Langzeit- und das Kurzzeitgedächtnis, wobei vor allem solche Dinge sich ins Gedächtnis einbrennen, deren Erleben mit starken Emotionen verbunden sind. Dass das bei der Katze ähnlich abläuft, ist wahrscheinlich, da Verhaltenstherapeuten diesen Effekt recht erfolgreich zum Umkonditionieren einsetzen können. Ohne Wiederholung kann ein anfänglich schreckliches Erlebnis auch im Langzeitgedächtnis der Katze allmählich verblassen, also vergessen werden.
Untersuchungen haben nämlich gezeigt, dass Katzen, die ein Futter nicht mehr fraßen, weil ihnen daraufhin einmal schlecht geworden war, dieses dann wieder zu sich nahmen, wenn man es ihnen ein halbes Jahr lang nicht vorsetzte. Nach sechs Monaten war die Aversion vergessen. Hätte man es ihnen täglich serviert – sie hätten es nie wieder genommen.

Kurzzeitgedächtnis Ob es bei Katzen so etwas wie ein Kurzzeitgedächtnis gibt oder dieses sogar ihren Tagesablauf bestimmt, lässt sich nur schwer feststellen. Das Tier kann z.B. eine Strafe nur dann einer Missetat zuordnen, wenn die Strafe direkt, also unmittelbar auf die Untat folgt. Ein Zurückerinnern und Verknüpfen von Untat und Strafe funktioniert nicht. So gese-

hen lebt die Katze weitgehend in der Gegenwart. Dafür aber ist sie auch nicht von allerlei negativem Gedankenmüll belastet – und kann sorglos, glücklich und zufrieden auf ihrem Kratzbaum schlummern.

Seniorenmiezen Bleibt noch die Frage, ob bei Katzen das Gedächtnis im Alter nachlässt, wie bei uns Menschen. Wenn Seniorenmiezen ruhiger und langsamer werden, spielt sich dann auch im Hirn weniger ab? Das ist zwar wahrscheinlich, doch eindeutig wird diese Frage nicht zu beantworten sein. Denn was tatsächlich an „Bewusstsein" da ist bzw. im Schwinden ist, wird der Mensch nicht erfassen können. Man kann bei Tieren nur aufgrund eines veränderten Verhaltens darauf schließen, dass das Hirn etwas nachlässt. Es gibt sehr renommierte Forscher, die im Übrigen auch den Tieren ein großes Maß an Bewusstsein zusprechen, so wie Volker Arzt und Immanuel Birmelin in ihrem Buch „Haben Tiere ein Bewusstsein?".

Chefgehabe Warum Katzen, diese schlauen, kleinen Wesen, uns Menschen ihre Intelligenz nicht immer so beweisen, wie wir es gerne hätten, liegt daran, dass sie nur ihre eigenen Ziele verfolgen. Für Katzen ist es nicht wichtig, dem Menschen zu Diensten zu sein, denn sie können als potentielle Einzelgänger auch ohne ihn überleben. Dem Hund gelingt das nicht mehr. Ohne Rudel ist er aufgeschmissen. Er muss seine Intelligenz zum Nutzen des Rudels einsetzen und tut das auch für die menschlichen Mitglieder seines Rudels. Deshalb sind gut erzogene Hunde auch so erpicht darauf, Befehlen zu folgen. Und schlecht erzogene tun es nicht, weil sie der Meinung sind, sie wären selbst der Boss.
Eine Katze kann auf derlei dauerhaftes Dominanzgeplänkel im eigenen Haus verzichten und tut es auch, wann immer sie kann, indem sie sich entweder auf gleicher Ebene arrangiert, einen Rivalen für immer vertreibt oder ihm letztlich

***Wie Elefanten.** Wer mit Katzen lebt, der weiß, dass sie sowohl ein Kurzzeit- als auch ein Langzeitgedächtnis haben. Erforschen lässt es sich für uns kaum, denn wir Menschen können uns nicht vorstellen, wie das Denken funktioniert, wenn man keine Sprache, wie wir sie kennen, benutzen kann.*

WICHTIG

Eigenschaften
Dass auch der Katze anatomische Grenzen gesetzt sind, darf man genauso wenig vergessen, wie dass sie ebenso wie wir Menschen genetische Programme mitbekommen hat. So wird sie von Aufzuchtbedingungen und weiteren Lebenserfahrungen geprägt, sowohl im Verhalten, als auch in ihrer Gesundheit und sogar in ihrer äußeren Erscheinung.

selbst ausweicht. Sie hat es nicht nötig, zu lernen, einem Boss zu dienen, weil sie weiß, dass sie ohne ihn besser dran ist. Die Folgsamkeit ist somit kein Indikator für die Intelligenz einer Katze. Ihr Gehirn ermöglicht der Katze jedoch trotzdem, von Fall zu Fall umzudenken, neue Wege zu gehen, sich an veränderte Situationen anzupassen.

INFO

Formen von Intelligenz

Es gibt verschiedene Formen und Ebenen von Intelligenz.

1. ***Mathematische, soziale, musische oder emotionale Intelligenz:*** *Diese Formen stehen nicht nur nebeneinander, sie durchdringen sich auch. Welche Fähigkeiten Katzen hier zugeschrieben werden können, ist aufgrund dieser Durchdringung sehr schwierig festzustellen.*
2. ***Menschliche Denkfähigkeit:*** *Sie ermöglicht es, komplizierte Maschinen zu bauen. Die Tierwelt ist hiervon ausgeschlossen, soweit es uns Menschen ersichtlich ist.*
3. ***Abstrahierfähigkeit:*** *Diese wird bei Tieren beobachtet: Einen Futternapf erkennt eine Katze auch dann, wenn er anders aussieht als der gewohnte.*
4. ***Problemlösung:*** *Hier sind Katzen ziemlich fit. Und diese Intelligenz ist meistens gemeint, wenn wir sagen: Diese Katze ist aber intelligent!*

Was treibt
eine Katze an?

Wenn wir Menschen das Verhalten einer Katze beobachten, werten wir es automatisch mit uns eigenen Begriffen. Wir finden, dass es ganz schön intelligent ist, wenn eine Mieze eine Kühlschranktür öffnen kann. Oder dass eine Katze faul ist, die sich tagsüber ausruht. Oder dass sie geradewegs dumm sein muss, wenn sie sich immer wieder zur selben Zeit vom Nachbarkater verprügeln lässt. Solche Wertungen versperren jedoch das Verständnis für das, was tatsächlich gerade vorgeht und warum sich eine Katze so und nicht anders verhält. Es kann richtig spannend sein, herauszufinden, was eine Katze wirklich antreibt.

Um dem Hintergrund eines bestimmten Verhaltens auf die Spur zu kommen, kann sich der Katzenhalter, genauso wie ein Verhaltensforscher, Fragen wie die im Kasten aufgeführten stellen, und – nebenbei bemerkt – hier spielt die „Intelligenz" kaum noch eine Rolle.

CHECK

Fragen eines Verhaltensforscher

- *Wie viel von einem speziellen Verhalten ist genetisch festgelegt?*
- *Welche Instinkte sind daran beteiligt?*
- *Welche Hormone könnten die Katze beeinflussen?*
- *Welche äußeren Umstände findet die Katze vor?*
- *Welche früheren Erfahrungen modifizieren ihr momentanes Verhalten?*
- *Welcher grundsätzliche Verhaltenstyp ist diese Katze?*

Der Körper: *Flink und kräftig*

Man nennt sie so schön Vierbeiner, weil sie normalerweise auf vier Pfoten angeschlichen kommen. Das ändert sich, wenn Katzen kämpfen. Dann zeigt sich, dass zum Stehen auch nur zwei bis drei Beine ausreichen. Die vorderen Pfoten können derweil Ohrfeigen austeilen, wie sonst nur Zweibeiner und das sogar noch wirkungsvoller, denn die Katzen haben an den vorderen Pfoten jeweils fünf scharfe, aus- und einfahrbare Krallen. Selbstverständlich werden die Krallen ausgefahren, wenn die Katze kämpft oder eine Maus fängt, wenn sie einen Baum hinaufklettert oder die Krallen genüsslich an einem Stamm, an einem Sofa oder Türrahmen wetzt.

Samtpfoten Meist verschwinden die Krallen in den weichen Pfoten, zwischen den Zehenballen, die es der Katze erlauben, sich nahezu lautlos anzuschleichen. Man weiß bei einer Katze nie, ob sie wirklich im Raum ist, es sei denn, man sieht nach. Das Getrappel von Hundepfoten, mit immer klackernden Krallen auf dem Parkett, kann man kaum überhören. Hunde haben daher auch relativ stumpfe Krallen, mit denen es nicht zu kämpfen lohnt.

Katzen sind Raubtiere, auch wenn wir Menschen dies häufig nicht wahrhaben wollen. Auf kurze Distanzen sind sie sehr schnell und geschickt.

Sie beißen daher lieber. Katzen können beides, beißen und kratzen.

Bewegungen Wer eine Katze bei der Jagd oder beim Spiel beobachtet, dem fällt auf, wie geschmeidig sie sich bewegt, wie punktgenau und schnell sie vorspringt und zuschlägt. Skelett, Muskeln und Sehnen sind so gut aufeinander abgestimmt, dass blitzartige gezielte Bewegungen möglich sind. Die Hinterhand ist enorm sprunggewaltig: Eine Katze kann ein Vielfaches ihrer Körperhöhe aus dem Stand hinaufspringen. Ihre Körperkoordination ist so perfekt, dass sie, wenn sie möchte, auch mitten zwischen Nippesfiguren landen kann, ohne eine davon herunterzuwerfen.

Kletterkünstler? Sie kann superschnell nach oben klettern; kommt ein Hund, hängt sie im Nu im Baumwipfel. Das Hinunter ist dagegen eine klägliche Show, denn die Krallen halten nur in eine Richtung, so dass sie sich langsam herunterhakeln muss – bis ein Sprung aus ungefährlicher Höhe die Peinlichkeit beendet, aber was soll's: Wir Menschen kommen noch nicht einmal hinauf.
Selbst wenn: Bei einem Sturz von einem Baum brechen wir uns die Beine, oder schlimmer, das Genick.

Hinauf ist einfacher als hinunter. Bergab halten nämlich die Krallen nicht und deshalb wagen Katzen schon aus größerer Höhe den Sprung nach unten, was einen guten Eindruck macht. Aus großer Höhe müssen sie sich rückwärts nach unten hangeln, was dann ein klägliches und Katzen unwürdiges Schauspiel abgibt.

Eine Katze meistert auch diese Situation: Sie dreht sich so, dass sie mit den Beinen zuerst landet und federt dann den Sprung ab. Normal wäre es, wenn ein Körper auf dem Rücken aufprallt, denn die Schwerkraft sorgt dafür, dass der schwerere Teil beim Fallen zuerst ankommt. Wie die Katze die Gesetze der Schwerkraft überlistet, hat man mit Hilfe von Zeitlupenaufnahmen festgestellt. Sie vollführt eine perfekte Körperdrehung, indem sie die Beine nacheinander nach unten reißt, unterstützt vom Schwanz, der dazu wie eine Kurbel funktioniert.

Zu hell oder zu dunkel gibt es bei Katzen nicht. Ihre Pupillen können sich bei gleißendem Licht zu einem schmalen Schlitz verengen. Nachts weiten sie sich ganz, wobei eine Schicht im Augenhintergrund selbst schwächstes Licht noch auffangen kann – eine Fähigkeit, die Katzen den Ruf einbrachte, auch bei völliger Dunkelheit sehen zu können.

Die Sinne: Unvorstellbar für uns Menschen

Es geht das Gerücht, Katzen könnten auch bei Finsternis gut sehen. Das ist nicht ganz richtig, denn bei völliger Abwesenheit von Licht, also im Stockfinstern, können sie auch nichts mehr sehen. Sie haben zwar Augen, die winzige Lichtstrahlen auffangen und so verstärken können, dass sie sich auch bei kleinster Lichtmenge ein Bild von ihrer Umgebung machen können, doch ganz ohne Lichtquelle gibt's auch keine Reflexion im Auge mehr. Warum Katzen dann dennoch nicht im Finstern gegen Türen und Bettpfosten rennen, liegt daran, dass sie Gegenstände fühlen können – und zwar bevor sie dagegenstoßen.

Schnurrhaare Katzen nutzen sie zur Orientierung, mit denen sie anhand kleinster Vibrationen und Luftdruckveränderungen Hindernisse schon erspüren können, bevor sie sie erreicht haben. Außerdem riechen Katzen wesentlich besser als wir: Für sie werfen viele Gegenstände, die für uns Menschen nach nichts Besonderem riechen, Geruchsspuren voraus. Dazu kommt, dass das Katzengehör um ein Vielfaches besser ist als unseres. Sie können Töne aus größerer Entfernung orten als wir.

WICHTIG

Riechen, tasten, hören und sehen

Dies alles formt im Gehirn ein Bild der Umgebung, sowohl bei Helligkeit als auch bei Dunkelheit. Niemals nimmt sie nur mit einem Sinn wahr, ihr Verhalten wird immer sowohl eine Reaktion darauf sein, was die Gesamteindrücke von außen ihr mitgeteilt haben, als auch darauf, was gerade in ihrem Inneren stattfindet.

Katzenaugen sind für die Jagd im Dämmerlicht gemacht. Deshalb nehmen Katzen vor allem Bewegungen wahr. Das Unterscheiden von Farben ist für sie nicht so wichtig. Denn die Mäuse sind ohnehin immer grau, zumindest die von draußen.

Sehen: Wenig Farbe, viel Bewegung

Sehen ist nicht gleich Sehen. Katzen nehmen die Umgebung optisch anders wahr als wir Menschen. Sie sehen weniger Farbe, dafür mehr Bewegung. Das wissen wir anhand der Konstruktion ihrer Augen und ihrer Reaktionen auf optische Reize. Es ist uns dennoch kaum vorstellbar, wie man als Katze tatsächlich sieht. Bei hereinbrechender Dunkelheit, wenn wir Menschen allmählich aufhören zu jagen, geht eine Mieze besonders gerne nach draußen auf Mäusefang, weil sich dann im vermeintlichen Schutz der nächtlichen Finsternis die Nager aus ihren Löchern wagen. Katzenaugen und Eulenaugen sind genau auf diese Lichtverhältnisse eingestellt, während z. B. Adleraugen die Helligkeit des Tages benötigen, um kleine Tiere zu sichten.

Katzenauge Es nimmt vor allem Bewegungen wahr, und deshalb kann eine Katze bei Zwielicht gut jagen. Die Sehschärfe an sich soll auch bei der Katze tagsüber am größten sein. Deshalb hat eine Maus auch bei Tag keine Chance, wenn sie von einer Mieze anvisiert wird. Tagsüber reguliert das Katzenauge den Lichteinfall, wie wir Menschen auch, durch Öffnen und Weiten der Pupillen. Bei gleißendem Sonnenschein verengen sich Katzenaugen zu senkrechten Schlitzen, die sie vor zu starkem Lichteinfall schützen.

Farbensehen Oft wird danach gefragt, ob Katzen Farben sehen können oder nicht. Anatomisch sind ihre Augen durchaus mit Rezeptoren für Farben ausgerüstet, nur nicht so intensiv wie unsere Augen. Für Katzen ist es eben eindeutig wichtiger, Helligkeitsunterschiede und Bewegungen wahrnehmen zu können. Tests, wie viele der Informationen, die von den Farbrezeptoren des Auges aufgenommen werden, im Gehirn von der Katze tatsächlich verarbeitet werden, sind allein deshalb schwierig, weil Katzen sich offenbar für Farben nicht interessieren. Ihnen ist es egal, wie der britische Veterinär und Forscher Bruce Fogle es formulierte, ob eine Maus grün, rot, blau oder eben nur grau ist.

Gleichgewicht

Wie schon erwähnt, können Katzen sich sehr geschickt bewegen, auf Zäunen balancieren, punktgenau springen und sich im Fallen auf die Füße drehen. Dies alles ist nur möglich, weil Katzen einen ungewöhnlich guten Tast- und Gleichgewichtssinn haben. Letzter liegt wie bei uns Menschen im Innenohr, ist nur viel besser entwickelt als der unsere.

Tasten Dafür sind bei der Katze die Schnurrhaare, die Nase und vor allem die Pfoten zuständig. Die Rezeptoren an den Fußballen melden der Katze mit Superpräzision die Beschaffenheit ihres Untergrundes: Raues Holz, weiches Gras, glatte Platten, etc. Nur heiß und frostig können die Katzen seltsamerweise kaum fühlen. Dazu fehlen der Katzenhaut die entsprechenden Rezeptoren. So weiß die Katze leider nicht immer, wann es brenzlig wird und man muss mit offenem Kaminfeuer extrem vorsichtig sein – die Katze merkt es erst spät, wenn ihr Schwanz in Flammen steht. Die geringe Zahl von Rezeptoren hat noch einen weiteren Effekt: Eine Katze ist ziemlich schmerzunempfindlich. Wenn sie krank ist, erkennt man dies eher am stillen, zurückgezogenen Verhalten als am Jammern oder an Schmerzgeschrei.

Hier geht's ums Überleben. Wenn sie eine Maus entdeckt haben, können sich Katzen völlig lautlos durch Gras oder Blätter bewegen. Denn nur leises und geschicktes Anschleichen ermöglicht eine erfolgreiche Jagd.

Das Gras wachsen hören

Katzen hören viel besser als wir. Und sie haben noch einen Vorteil: Sie können ihre beweglichen Ohrmuscheln beide nach vorne richten und somit Ohren und Augen gleichzeitig auf ein Objekt richten.

Sie könnten sich die Lunge aus dem Leib brüllen, und doch wird Ihre Katze nichts hören, wenn sie nicht will. Aber versuchen Sie einmal ganz leise eine Futterschachtel zu öffnen. Dann steht sie sofort erwartungsvoll vor Ihnen. Ihr Körper ist mit einem so unglaublich guten Gehör ausgestattet, dass sie sehr genau mitbekommt, wenn Sie sie rufen. In der Regel versteht sie auch, was gemeint ist, und tut nur so, als wäre sie schwerhörig. Doch warum sollte sie kommen, wenn sie doch gerade schlafen will. Angerannt kommen, wenn einer ruft – das gibt es kaum, wenn Katzen unter sich sind, allenfalls dann, wenn eine rollige Katze nach dem Kater verlangt. Sonst rennen Katzen eher weg, wenn ein Artgenosse schreit.

Leise Töne Ganz anders reagieren sie auf die leisen Töne, solche, die wir Menschen schon kaum noch wahrnehmen können, etwa das Mäusepiepsen. Und wer weiß, vielleicht hören Katzen ja wirklich das Gras wachsen, immerhin nehmen ihre Ohren zwei Oktaven höhere Töne als die unseren wahr. Sie hören alles: sich von einer Katze unbemerkt aus dem Haus zu schleichen, ist völlig unmöglich, selbst dann, wenn die Katze tief zu schlafen scheint. Beobachten Sie nur die Ohren: Eine Mieze kann sie in alle Richtungen drehen, damit ihr nicht das kleinste Geräusch entgeht. Solange die Ohrmuscheln rotieren, hört die Katze ausgezeichnet und ist vom Schlaf weit entfernt.

Echte Schwerhörigkeit oder gar Gehörlosigkeit, wie sie bei Katzen mit weißer Fellfarbe vorkommen kann, ist mit einem speziellen Testverfahren zur Audiometrie feststellbar. Sich auf äußere Merkmale zu verlassen, kann täuschen, denn eine müde Katze kann auch einfach wie ein Teenager „auf Durchzug" stellen – und sie erhalten dann auf jede Sorte von Redeschwall Ihrerseits keine andere Reaktion von ihr als einen in Trägheit gebadeten, gelangweilten Blick.
Wenn Sie unbedingt eine Reaktion von Ihrer Katze wollen, sollten Sie vertraute Geräusche erzeugen: Kühlschranktür, Futterschachtel, Dosenöffner etc.

Geruch und Geschmack

Das ist dann auch der ultimative Hörtest für Zuhause: Mit Futtergeräuschen die Katze anlocken, und zwar, wenn es noch gar nicht Zeit zum Füttern ist. Denn eines lieben Katzen mehr als alles andere: Immer schön gefüllte Näpfe mit ordentlich Abwechslung auf dem Speiseplan. So kommt an dieser Stelle – nach bestandenem Hörtest – der Riechtest: Die Katze schnuppert immer erst am Napf, und was nicht gut duftet im Sinne einer Katze, wird von ihr nicht gefressen. Erst dann lässt sie den Geschmackstest folgen und dabei zeigt sich endgültig, ob sie heute Nahrung zu sich nimmt, oder nicht. Man könnte meinen, es sei somit ziemlich schwierig, eine Katze zu ernähren. Ist es und ist es nicht. Sie müssen nur das Beste anbieten – und selbst eine verwöhnte Katze wird sich zufrieden geben. Straßenkatzen in Athen, Bangkok oder Rom nehmen auch Brotreste. Unsere Hauskatzen kennen Besseres und verlangen dies auch.

Katzenfutter Nicht umsonst gibt es in den Zoofachhandlungen doppelt so viele Sorten Katzenfutter wie Hundefutter: Die kleinen Majestäten wünschen Edles in vielerlei Variationen wie Lamm, Rind, Kabeljau, Kaninchen usw. Dass es noch keine Sorte mit Maus gibt, liegt nur daran, dass die einkaufenden Frauchen das eklig finden. Die Katzen selbst fänden dies sicherlich prima, wobei man nicht weiß, ob eine eingedoste Maus nicht deutlich an Wohlgeschmack verlieren würde gegenüber einer Frischmaus.

Fleisch Viele unserer Katzen haben noch nie eine Maus gesehen oder gar gefressen und wissen dennoch, dass Fleisch die richtige Nahrung für sie ist. Der Geruchs- und Geschmackssinn der Katze ist nicht nur ausgezeichnet, sondern auch im Sinne des Fleischfressers geprägt. Die Katze, die lieber eine Karotte knabbert, statt sich auf ein daneben liegendes Stück Rindfleisch zu stürzen, muss vermutlich erst noch geboren werden. Das Gemüse im Dosenfutter dient nur der Verdauung – so wie in der Maus die Knochen.

INFO

Zum Mittagessen gibt es Maus
Traditionell fressen Katzen ihre Mäuse und andere kleine Beutetiere fangfrisch mit Haut und Haaren, mit Knochen und Innereien. Die Galle lassen sie übrig. Aber wenn sie sie aus Versehen mitgefressen haben, kommt die Maus ganz schnell wieder heraus ...

Der Geruch entscheidet. Wenn es nicht lecker riecht, wollen Katzen vom Fertigfutter nichts wissen.

Geruch und Geschmack Beides ist untrennbar miteinander verbunden. Eine Katze frisst nur, was für sie gut riecht. Deshalb magern Katzen mit starkem Dauerschnupfen ab. Hunger allein treibt das Futter nicht in sie hinein. Es MUSS riechen. Deshalb bietet die Industrie bereits stärker riechendes Seniorenfutter an, das dann für unsere menschlichen Nasen schon sehr unangenehm riecht.

Markierungen Die persönliche Geruchs- und Geschmacksempfindung der Katze kann man sich als Mensch kaum vorstellen. Katzen fressen mit Heißhunger, was bei uns Ekel erregt. Sie schnuppern mit großem Interesse an Markierungen, die uns zur Putzmittelflasche greifen lassen. Und darüber hinaus können gesunde Katzen auch noch sehr viel besser riechen als wir Menschen. Eine Ladung Parfum ins Fell ist für sie äußerst unangenehm. Ein geruchsgestörtes Katzenbaby könnte gar nicht überleben. Denn die Düfte sind schon für das Neugeborene lebenswichtig. Die noch blinden Katzenkinder erkennen ihr Nest, ihre Mutter, ihre Geschwister und vor allem „ihre" Zitze am Geruch.

Nase und Schnurrhaare gehören zu den empfindlichsten Stellen einer Katze. Will die Katze etwas näher untersuchen, streckt sie ihr Näschen vor und bekommt sowohl Geruchs- als auch Tastinformationen über das Objekt.

Wie kommen Geruch und Geschmack im Gehirn an? Forscher können dies erkennen, indem sie Indizien zusammentragen. Sie wissen, wie viele und welche Geschmacksknospen eine Katze an der Zunge hat. Sie können messen, welche Hirnareale aktiviert werden. Sie können beobachten, ob eine Katze positiv, negativ oder gar nicht reagiert. Die meiste Forschung auf diesem Gebiet betreiben selbstredend die Futtermittelhersteller, die dabei auch sehr viele Studien fördern, die von allgemeinem Interesse für die Verhaltensbiologen sind. Sie fanden z. B. heraus, dass Katzen salzig und bitter schmecken können, aber wenig Empfindung für Süßes haben. Sie schmecken also eher weniger als wir Menschen, dafür nehmen Sie Düfte wahr, die wir Menschen nicht riechen, ihre Markierungen an uns selbst, am Kratzbaum, im Garten und überall, wo andere Katzen ihre feinen und nicht so feinen Düfte hinterlassen.

Riech-Schmecken:
Der unvorstellbare Sinn

Wir Menschen fragen uns nicht nur, wie oder was eine Katze hört, riecht, schmeckt, fühlt oder sieht, sondern müssen uns auch klar darüber sein, welchen Wert die Sinneseindrücke für das Tier haben. Dass diese keinesfalls mit unseren übereinstimmen können, liegt auf der Hand. Doch sind wir Menschen auf „sinnlichem" Gebiet durch unsere eigenen Eindrücke voreingenommen. Und wie sich „Riech-Schmecken" anfühlt, ist uns letztlich ein vollkommenes Rätsel. Das ist eine Fähigkeit, die eine Katze uns eindeutig voraus hat.

Flehmen Sie verwendet dazu ein spezielles Organ im Gaumen, das vomero-nasale Organ. Wenn sie es benutzt, sagen wir, die Katze „flehmt“. Mit einer ulkigen Grimasse saugt die Katze mit hochgezogener Oberlippe Luft ein. Diese pumpt sie in einen Bereich der Nasennebenhöhlen, wo der Duft untersucht wird. Dies geschieht vor allem, wenn die Katze auf Sexuallockstoffe trifft. Es passiert jedoch auch, wenn sie Katzenminze, Baldrian und andere Gerüche wahrnimmt. Was sie genau riecht und dann teilweise ausflippen lässt, weiß die Forschung bisher noch nicht zu beantworten.

Andere Supersinne

Solche Supersinne besitzen wir Menschen nicht und können uns daher das Sinnenleben der Katze nur begrenzt vorstellen. So meinen wir auch, Katzen hätten einen sechsten Sinn, wären also irgendwie mit übersinnlichen Kräften ausgestattet, eine Vorstellung, die noch nicht bewiesen, aber auch nicht widerlegt wurde. Es gibt immerhin einige sehr gut dokumentierte Vorkommnisse – etwa Katzen, die über weite Strecken heimlaufen –, die man nicht erklären kann, es sei denn, man nimmt Begriffe zu Hilfe, die ebenfalls nicht erklärbar sind. Zum Beispiel die von Dr. Rupert Sheldrake angeführten „Morphischen Felder“, feinstoffliche Verbindungen zwischen Lebewesen, die u. a. telepathische Fähigkeiten möglich machen sollen.

Auf Katzen, die Erdbeben und Unwetter vorhersehen, kann man sich dagegen eher einen Reim machen. Solche geophysikalischen Phänomene senden immerhin Energiewellen voraus, die wir mit Hilfe extrem empfindlicher Sensoren auch empfangen könnten. Trotzdem bleibt im Bereich der Sinne einiges ungeklärt und die Katze gibt uns noch viele Rätsel auf.

INFO

Interessante Fakten

Säugetier der Klasse Felidae
Körpertemperatur: 38,6 Grad Celsius
Puls: 110 bis 140 Schläge pro Minute
Fortpflanzung: ca. 3 bis 6 lebende, hilflose Junge
Ernährung: Fleischfresser; 30 Zähne
Gewicht: Ca. 3 bis 10 Kilogramm
Fell: Warme, dichte Wollhaare als Wärmeschutz am Körper, dazwischen Grannenhaare und feste Leithaare als Wetterschutz. Außerdem: Schnurrhaare (Tasthaare auf den Wangenkissen und auf der Oberlippe)
Empfindliche Körperteile: Nase, Zunge, Schnurrhaar-Bereich, Pfoten.
Hörbereich: 30 Hz bis 45 kHz

Angeborenes

Verhalten

Ihr bestens ausgerüsteter Körper nützt der Katze nur dann, wenn sie auch entsprechende Verhaltensmuster besitzt. Sie erbt eine Vielzahl von Instinkten, die in bestimmten Situationen aktiv werden. So kommen etwa solche, die ein Neugeborenes zum Überleben braucht, später in der Regel nicht mehr zum Vorschein.

Ererbte und erworbene Fähigkeiten

Ohne die dazu passenden Erbanlagen liegen die Fähigkeiten einer Katze brach, gerade wie ein Computer ohne Software, wie ein Auto ohne Benzin. Eine Katze kann z. B. sehr gut und zielgenau springen, aber sie muss natürlich auch einen Grund dazu haben, etwa um eine Maus zu fangen. Oder anders betrachtet: Ein Tier, das sich vom Mäusefang ernährt, braucht natürlich einen Körper, der ihr das ermöglicht, aber auch entsprechende Verhaltensprogramme und Instinkte, die das Überleben sichern. So sind prinzipiell alle Fähigkeiten, die das Überleben gewährleisten, ererbt.

Erziehung Ergänzt werden angeborene Eigenschaften durch die Erziehung des Jungtieres von Seiten der Katzenmutter, anderer Katzen, manchmal Hunde und natürlich der Menschen, die das Kätzchen kennen lernt. Ererbtes von Erlerntem klar zu unter-

Schnell wie der Blitz. Das Fangen einer kleinen Beute ist angeboren. Die einfachste Form eines Instinkts ist der Reflex, z. B. das Draufschlagen mit der Pfote.

CHECK

Was das Verhalten einer Katze bestimmt

- *Instinkte und Hormone (z. B. Jagdtrieb, Sich-Putzen, Spielen, Fressen, Schlafen, Sexualität etc.)*
- *Ererbte Verhaltensweisen (z. B. Gesprächigkeit bei Siam, ruhige Art bei Persern)*
- *Prägungen während der sensiblen Phase (z. B. Sozialisierung mit Menschen oder Artgenossen)*
- *Erfahrungen, Gelerntes (z. B. Verbote respektieren, heiße Herdplatten meiden, etc.)*

scheiden, fällt nicht leicht. Man weiß etwa, dass die Katzenmama ihren Kindern noch lebende Mäuse als Übungsobjekte ans Nest bringt. Dennoch ist der Mäusefang ein Instinkt, der sich auch in Rassekatzen regt, die niemals eine Maus gesehen haben oder eine Übungsstunde in Jagdtechniken hatten. Denn auch die überzeugten Sofatiger springen auf und fangen eine Maus, sobald eine an ihnen vorbeiflitzt. Allerdings wissen solche Katzen häufig nicht, wie man sie tötet. Den dazu nötigen Nackenbiss lehrt in der Regel die Mutter ihre Heranwachsenden. Lässt man erwachsene Rassekatzen nach draußen, zum Beispiel in einen gesicherten Garten, dann lernen sie mit der Zeit trotzdem noch nachträglich das Töten der Beute. Es dauert nur viel länger, als wenn diese Lektionen zur richtigen Lebensphase angeboten worden wären.

Erfahrung Insofern unterscheiden sich Katzen nicht von uns Menschen. Sie sammeln Erfahrungen, lernen hinzu und häufen im Hirn alles Mögliche an, was ihnen nützt oder auch nicht. So entsteht im

Ähnlich, aber nicht gleich. *Für Spiel und Jagd braucht die Katze die gleichen Verhaltensweisen und weiß trotzdem, dass Spiel nur Spaß ist.*

Katzengehirn eine Mischung aus Instinkten, anderen ererbten Verhaltensmustern, Kindheitsprägungen und noch später Erlerntem. Auch dies kann ein Vergleich mit dem PC verdeutlichen: Mit der Zeit füllt sich die Festplatte mit einer Vielzahl von Programmen, von denen man manche häufig, andere nur selten und manche gar nicht mehr oder nur im Notfall benutzt. Von einigen weiß man nicht mehr, wozu sie eigentlich gedient haben, und von anderen weiß man gar nicht oder nicht mehr, dass sie überhaupt existieren. Manche starten automatisch, manche muss man erst aktivieren. Und: Ein Computer vergisst nichts. Eine Katze auch nicht.

Die Instinkte

Instinkte sind bei höher entwickelten Wesen wie den Säugetieren häufig von Erlerntem überlagert und können von Erfahrungen sogar verändert werden bis hin zur völligen Unterdrückung, wie es uns Menschen möglich ist. Man stelle sich nur vor, wie es in einer überfüllten U-Bahn zuginge, wenn jeder spontan seinen Trieben nachginge. Dass Tiere ihre Instinkte bewusst beherrschen, darf man jedoch nicht annehmen. Wenn Katzen sich nicht so verhalten, wie sie es instinktiv eigentlich tun sollten, lässt sich ihr „abartiges" Verhalten durch falsche Prägung, Lerneffekte oder vielleicht einen krankhaften Prozess erklären.

Katzen brauchen Spielzeug. Denn wenn sie sich nicht durch Haschen, Springen, Fangen und „Tot beißen" austoben können, fühlen sie sich nicht wohl. Diese Bewegungsabläufe sind so einprogrammiert, dass eine Katze, die sie nicht ausleben kann, gemütskrank oder verhaltensgestört wird.

Sie will, aber sie kann nicht. Eine Katze, deren Trieb durch äußere Umstände gehemmt wird, reagiert häufig mit einer Übersprungshandlung (Zähneknirschen, hektisches Putzen) oder sucht sich eine Ersatzbefriedigung (Stoffmaus).

Prägung Eine Katze, die Wellensittiche liebt und nicht als Beute ansieht, wurde als Kätzchen während der so genannten sensiblen Phase auf Wellensittich = Freund geprägt. Das funktioniert nur in dieser frühen Lebensphase, später nicht mehr. Später ist dann ein kleiner Vogel potentiell eine Beute und bleibt das auch.

Lerneffekt Eindeutig ein Lerneffekt ist es, wenn eine Katze nach draußen verlangt, wenn sie mal muss. Anstatt sich einfach ihrem Trieb folgend irgendwo in einer Ecke sofort zu erleichtern, verlangt sie zuerst, dass man die Tür öffnet. Weniger intelligente Tiere geben dem Trieb „Ich muss mal" sofort mit „Ich tu mal" nach. Eine Katze, die von den Erbanlagen her eher ruhig ist, kann lernen, ihre Stimme im Umgang mit Menschen sehr wirkungsvoll einzusetzen, weil ihr die Erfahrung gezeigt hat, dass es ihr zum Vorteil gereicht.

Triebstau Wenn die Erfahrung eine Katze gelehrt hat, dass eine Instinkthandlung nicht möglich ist, verliert sich dieser Trieb recht schnell. Wenn etwa eine Maus im Käfig sitzt, wird sie bald von der Katze nicht mehr beachtet werden. Interessant ist in diesem Zusammenhang das Auftreten von Ersatzbewegungen (Übersprungshandlungen, Alternativbewegungen, Verlegenheitsgesten), die ein jeder Katzenhalter an seinem Tier schon einmal beobachten konnte. Sie dienen zum Abreagieren eines Triebstaus.

Dumm gelaufen Viele Katzen knistern mit den Zähnen, wenn draußen vor dem Fenster Vögel herumschwirren. Man meint, ihnen liefe laut hörbar das Wasser im Mund zusammen. Ähnlich ulkig benehmen sich die Katzen, wenn ihnen etwas einen Strich durch die Rechnung gemacht hat. Dann setzen sie sich hin und putzen sich hektisch die Flanken, als ob es dort ganz plötzlich sehr schmutzig geworden wäre. Wir Menschen würden uns dann am Kopf kratzen, eine Zigarette anzünden, einen Kaugummi in den Mund stecken, von einem Fuß auf den anderen treten oder manche Gesten mehr, die besagen: dumm gelaufen.

Durch Lernen modifizierter Instinkt Als Beispiel dafür kann auch die Katze dienen, die lieber Mäuse fängt, als im Nest bei ihren Jungtieren zu bleiben und ihren Mutterinstinkten nachzugeben. Sie hat möglicherweise auf ihre Beute ein positiveres Feedback erfahren als auf die Mutterschaft. Man weiß es allerdings nicht genau, warum manche Katzen vor allem auf Bauernhöfen ihre Jungtiere anderen weiblichen Katzen anvertrauen und selbst lieber auf die Jagd gehen.

Teamarbeit Solche Katzen, die als Team zusammenarbeiten, konnte eine Forschergruppe um David McDonald in Schottland beobachten. Obwohl diese Tiere halbverwildert waren, schlugen sie sich nicht einzeln in die Wildnis, um dort als Einzelgänger Junge großzuziehen. Sie blieben beim Bauernhof und die Weibchen zogen gemeinsam ihre Kinder groß, nachdem sie auf geheimnisvolle Weise alle nahezu gleichzeitig trächtig geworden waren. Hier zeigen sich viele Verhaltensweisen, von denen wir Menschen nicht glauben, dass sie Katzen zu Eigen oder angeboren wären. So lernt die Katze von Geburt an (vielleicht sogar schon früher) und ergänzt dabei die Urinstinkte, die unveränderlich und automatisch ablaufen, durch Erlerntes. Sie modifiziert, d.h., sie verändert auch angeborene Neigungen durch Erfahrungen.

WICHTIG

Instinkte
Kranke Katzen lassen ihre Jungen im Stich. Taube Katzen etwa folgen im Fall einer Bedrohung von hinten (Auto etc.) keinem Fluchtreflex. Für einen Beobachter sieht es so aus, als ob die Instinkte dieser Katze gestört wären, in Wirklichkeit ist die Sinneswahrnehmung beeinträchtigt – der Reiz kommt also gar nicht im Gehirn an und kann dort keine Reaktion hervorrufen.

Was ist ein Instinkt?

Um den Begriff „Instinkt“ zu erklären, muss man unterscheiden zwischen dem, was man im Volksmund „instinktiv“ darunter versteht und wie die Wissenschaft ihn unterteilt. Instinkte sind angeborene Verhaltensweisen. Bei genauer Betrachtung ist ein Instinkt viel mehr als nur ein reflexartiges Verhalten, das man zwangsläufig macht, ohne darüber nachzudenken. Er ist vielmehr ein in den Erbanlagen gespeichertes Verhaltensmuster, bestehend zumeist aus einer Abfolge von Handlungen. Diese sind für jede Art spezifisch und dieses instinktive Wissen sichert das Überleben. Während ein Entenküken ohne zu Zögern seiner Mutter ins Wasser folgt, würde ein Hühnerküken das niemals tun. Ein Vogelkind übt sich automatisch im Fliegen, ein Katzenkind käme gar nicht auf eine solche Idee. An diesen Beispielen sieht man jedoch noch eine weitere Besonderheit von Verhaltensprogrammen: Sie sind nicht bei jedem Individuum einer Art gleichermaßen vorhanden, sondern abhängig von vielerlei Faktoren, etwa vom Alter, vom Geschlecht, der Lebenssituation bis hin zum Wetter.

Instinkthandlungen Instinkt ist nicht gleich Instinkt. Es kommt darauf an, wie umfangreich die daraus folgende Handlung wird. Da gibt es auf der niedrigsten Ebene kleine instinktive Bewegungen, z. B. wenn die Katze einen Drohbuckel macht. Etwas umfangreicher ist eine Instinkthandlung, die mehrere Aktionen umfasst, wenn etwa die Katzenmutter mit ihren Neugeborenen vom Wurflager in ein anderes Nest umzieht, auch wenn sie eigentlich wissen kann, dass ihre Kinder in keiner Weise bedroht sind und ein Umzug nicht nötig ist. Schließlich steuern Instinkte ganze Verhaltensprogramme. Man nehme nur die Sexualität als Beispiel. Das Paarungsritual unterliegt bestimmten Gesetzen, die eine Katze nicht willkürlich verändern kann.

Triebe Dass eine Instinkthandlung auch zur Befriedigung von Trieben dient, ist offenkundig. Nicht vergessen darf man, dass Triebe hormonell gesteuert sind und dass

WICHTIG

Instinkthandlungen

Ob aus einem Instinkt auch eine Instinkthandlung wird, hängt häufig, aber nicht immer, davon ab, ob auf die innere Bereitschaft zu einem bestimmten Zeitpunkt, auch Appetenz genannt, ein Schlüsselreiz trifft, der dann dazu führt, dass das programmierte Verhalten abgespult wird. Voraussetzung dazu ist, dass keine Hindernisse im Weg stehen.

Katzbuckeln und Jagd. Beides sind Instinkt-gesteuerte Verhaltensweisen und doch ganz verschieden. Der Buckel ist schnell gemacht: Ein Reflex, der direkt auf den Schlüsselreiz (z.B. Hund) folgt. Die Jagd ist dagegen eine umfangreiche Instinkthandlung. Für sie ist eine Abfolge von mehreren Aktionen nötig, die nicht stur ablaufen, sondern sich ans Beuteverhalten anpassen.

das Hirn das Zusammenspiel von Hormonen, äußeren und inneren Reizen und Handlungsimpulsen regelt. Das betrifft selbstredend auch die Botschaften, die eine Katze aussendet. Eine rollige Katze ist überflutet mit Sexualhormonen, sie schreit nicht nur wie toll nach einem Katzenmann, sie betört diesen mit ihrem Duft und das sogar meilenweit entfernt. Dieses Beispiel soll dazu dienen, den Begriff des Instinktes nicht allzu eng und einseitig zu sehen – es ist häufig eine Vielzahl von Schlüsselreizen nötig, um den Instinkt zu wecken.

Definition Katzenpsychiater Ferdinand Brunner aus Wien schreibt über Instinkte: „Eine Verhaltensweise, mit der ein Tier, ohne vorherige Erfahrungen machen zu müssen, mit seiner Umwelt in Beziehung tritt, nennt man Instinkthandlung. Instinkthandlungen werden nicht in bewusster Absicht ausgeführt. Man nimmt an, dass ein Tier den Endzweck seiner Handlung gar nicht kennt. Eine Instinkthandlung ist absoluter Selbstzweck. Es geschieht dem Tier sozusagen; das heißt natürlich nicht, dass nicht begleitend ein subjektives Erleben stattfindet. Instinkthandlungen wirken spannungslösend, lustbetont oder Unlust vermindernd. (...) Man unterscheidet zwischen einer längeren Instinkthandlung (Abfolge von zweckmäßigen Einzelbewegungen) und der Instinktbewegung. (...) Ein vollständiges Verzeichnis aller Instinktbewegungen einer

INFO

Trieb-Ebenen

- *Zu den Hauptinstinkten der Katze gehören: Paarungsverhalten, Mutterschaft, Nahrungsaufnahme und Ausscheidungshandlung, Beutefang, Körperpflege, Neugierde, Ruhe- und Schlafverhalten, Flucht, Deckung, Aggression.*
- *Instinkthandlungen sind z.B.: Abnabeln und Säugen der Jungtiere, Zuscharren von Kot, Beschnuppern eines Gegenstandes u.a.*
- *Instinktbewegungen sind: Sich kratzen, wenn's juckt, Katzenbuckel, Fauchen, Mäuselsprung u.a.*
- *Elementare Verhaltensweisen: Atmen, schlucken, gähnen, miauen, essen, trinken, Ohrdrehung, sich strecken u.a.*

Tierart bezeichnet man als deren Verhaltensinventar."
Dass eine Katze den Endzweck ihrer Handlung (z.B. ihrer Rolligkeit) nicht kennt, kann bezweifelt werden. Es gibt manche Versuche von Verhaltensforschern, die zeigen, dass der Endzweck einer Instinkthandlung manchmal sogar als Auslöser anzusehen ist.

Instinktiv oder erlernt?

Man nehme eine Katze und ziehe alles Ererbte ab. Was dann noch übrig bleibt, ist all das, was die Katze bislang gelernt hat. Zieht man im Gegenteil alles ab, was die Katze gelernt hat, müssten theoretisch relativ gleiche Katzen herauskommen.
Wenn das so leicht ginge, wäre die Wissenschaft einen Riesenschritt weiter. Nur lassen sich Katzen nicht in ein solches Schema pressen. Sie verblüffen die Forscher immer wieder und wieder. Und viele Ergebnisse der Verhaltensforschung können nur unter der Einschränkung formuliert werden, dass sie eben für diese untersuchten Katzen in einer klar definierten Situation gelten. Denn Katzen sind sehr lern- und anpassungsfähig.
In früheren Jahrhunderten hielt man Tiere für vollkommen dumm und glaubte, alle ihre Handlungen wären rein triebgesteuert. Nur Menschen dachte man, hätten die Intelligenz, etwas lernen zu können. Diese frühen Wissenschaftler hatten sicher keine eigenen Katzen. Später hielten Wissenschaftler dann das andere Extrem für richtig: Die so genannten Behavioristen dachten, dass die Tiere gleichsam mit blankgeputztem Gehirn zur Welt kämen und sämtliche Verhaltensweisen erlernen würden.

- **Lernen** Die Wahrheit liegt irgendwo dazwischen, wobei sich Instinkte schließlich auch im Laufe des

Lebens ausreifen können und dies nicht immer als solches erkannt und möglicherweise als Gelerntes missinterpretiert wird. Lernen hat immer eine bestimmte, neue Zielsetzung und kann als eine Anpassung instinktiven Verhaltens angesehen werden. Dass die ursprünglichen Instinkte dabei nicht verloren gehen, betont Paul Leyhausen, der vor einigen Jahren verstorbene deutsche Pionier der Verhaltensforschung an Katzen: „Die Instinktkoordinationen bleiben nämlich neben allem Erlerntem rein und voll funktionsfähig erhalten." Das kann im Übrigen jeder Katzenhalter an seinen Lieblingen direkt beobachten. Eine Maus, die immer im Käfig sitzt, lässt die Katze kalt. Aber wehe, die Maus flitzt einmal an der Katze vorbei: Das dient mit Sicherheit als Schlüsselreiz zum Beutefangverhalten – und aus die Maus.

Gefährlich oder harmlos? Eine erwachsene Katze weiß sehr genau, wann sie getrost weiter dösen kann.

WICHTIG

Instinkt und Erfahrung

Dass ein höher entwickeltes lernfähiges Säugetier nicht auf seine Instinkte verzichten kann, betont Leyhausen ausdrücklich: „Je reichhaltiger und vielfältiger die Instinktsysteme eines Tieres, desto reichhaltiger und vielfältiger kann sein Erfahrungs- und Wissensschatz werden."

Mehrere Bedeutungen Paul Leyhausen warnt außerdem davor, die Instinkte eines Säugetieres ausschließlich mit ihrer Funktion zu definieren, denn es gäbe eine Vielzahl von instinktiven Verhaltensweisen, die in mehreren Zusammenhängen auftreten können. Sieht man auf die Katze, findet man solche Doppelbedeutungen z. B. im Spiel- und Beutefangrepertoire der Katzen – dieselben Bewegungen werden zu unterschiedlichen Aktionen eingesetzt. Auch das Schnurren gehört hierhin, denn es kann sowohl Ausdruck des genießerischen Wohlbefindens sein oder zur Beruhigung von Jungkätzchen dienen, wenn die Mutter sich gerade nicht wohlfühlt.

INFO

Symbolisch schnurren

Paul Leyhausen sieht im Schnurren neben dem Ausdruck des Wohlgefühls einen symbolischen Ausdruck, der vier verschiedene Bedeutungen haben kann, nämlich:

- *Die Mutter schnurrt, wenn sie ins Nest kommt, um die aufgestörten Jungen zu beruhigen.*
- *Ein Jungkätzchen schnurrt, wenn es eine ältere Katze zum Spielen auffordert, um ihr zu zeigen: „Ich will Spaß!"*
- *Umgekehrt schnurrt auch eine ranghöhere Katze, die mit einer rangniederen spielen will.*
- *Eine unterlegene, kranke, schwache Katze schnurrt, wenn sich ihr ein Gegner nähert, um zu bedeuten: „Ich bin harmlos."*

Die Katze, ein Einzelgänger?

Was das Verhalten der Katzen am stärksten beeinflusst, ist noch kaum erforscht. Vieles, was wir über Katzen zu wissen glauben, kann von den Wissenschaftlern

***Kleiner Löwe.** Wenn sie zusammen groß wurden oder wenn es vorteilhaft für sie ist, können auch Katzen ein kleines Rudel bilden.*

Froh über die Gesellschaft. *Reine Wohnungskatzen brauchen den Kontakt zu ihren Artgenossen genauso wie Freilauftiere. Deshalb ist das Halten von einer einzelnen Katze in der Wohnung nur dann für die Mieze erträglich, wenn man selbst viel zu Hause ist und als „Mitkatze" zur Verfügung steht.*

nicht unbedingt bestätigt werden, z.B., dass Katzen Einzelgänger sind. Sogar eine solche fundamentale Eigenschaft, wie die grundsätzliche Lebensweise, die das ganze Sozialleben steuert, ist bei Katzen veränderbar. Wenn geborene Einzelgänger freiwillig als Gruppe zusammenleben, sobald es vorteilhaft für sie ist, zeigt dies, dass Katzen wirklich äußerst lernfähig sind und mehr in ihnen steckt, als man ahnt.

Löwenrudel Unter den Katzenarten gibt es nur eine einzige, die als Rudel lebt und das ist der Löwe. Doch auch bei Löwen gibt es Einzelgänger, nämlich die vom Rudel davongejagten Männchen, die sich manchmal jahrelang allein herumtreiben, bis es ihnen gelingt, in einer Löwengruppe als Pascha Fuß zu fassen, was in der Regel eine blutige Angelegenheit ist. Diese Männchen wurden lange Zeit als Außenseiter angesehen, auf die das System Löwen-Familie verzichten kann und dies auch tut. Heute meint man, dass sie eine wichtige Funktion zum Auffrischen der Blutlinien haben und man ihnen bislang in der Forschung zu wenig Aufmerksamkeit schenkte.

WICHTIG

Nomaden

„Ohne das Nomadentum", schreibt Paul Leyhausen, „müsste das ganze System zusammenbrechen." Und: „Nur die Zukunft kann erweisen, ob wir hier nicht auf etwas gestoßen sind, das – bisher weitgehend übersehen oder unverstanden – eine allgemeinere Bedeutung für die Entwicklung der Sozialsysteme mancher höherer Säugetiere, vielleicht sogar des Menschen, hat."

Futter macht Katzen sozial. Immer dort, wo wir Menschen ihnen Nahrung geben, bleiben sie in Gruppen zusammen und entwickeln eine Form von Zusammenleben, das sehr locker sein, aber auch erstaunlich feste Strukturen aufweisen kann, wie Forscher herausfanden.

Hauskatzen Hier gingen die Forscher den umgekehrten Weg. Die herumstreunenden Kater galten als Normalfall und die Katzen, die sich zur Gruppe zusammenschließen, um gemeinsam Junge aufzuziehen, wären eine seltsame Ausnahme von der Regel. Beobachtungen an Bauernhofkatzen zeigen, dass die herumstreunenden Kater sich exakt so verhalten wie die Löwen-Männchen: Sie dringen, sobald sie können, ins Nest der Katzen ein, meucheln die Jungen, vertreiben den Hauptkater und paaren sich mit den Weibchen, um ihre eigene Nachkommenschaft zu zeugen. Daran sieht man, dass die Löwen und die Hauskatzen sehr ähnliche Verhaltensprogramme zum solitären wie auch sozialen Leben besitzen, die jedoch erst bei genauem Hinsehen auffallen. Und betrachtet man die volle Bandbreite von Sozialstrukturen, die Katzen entfalten können, kann man nur staunen.

Sozialverhalten

Gruppenbildung Es ist für die Forschung äußerst verwirrend, dass die Ausnahmen mindestens so häufig wie die Regelfälle sind. Tatsache ist, dass sich verwilderte Katzen in waldnahen Gebieten zu Einzelgängern entwickeln. Auf Bauernhöfen, in städtischen Hinterhöfen und rund um Futterplätze rotten sich Katzen jedoch zu Horden zusammen, die eigene, wenn auch lockere Gruppenregeln entwickeln, wobei sich keine der von den Forschern beschriebenen Gruppen einander so gleichen würden, dass sich daraus allgemein gültige Regeln ableiten ließen. „Diese Verhaltensstudien dokumentieren deutlich, es gibt viele Katzen, die mit ihren Artgenossen ohne äußeren Zwang in friedlicher ja freundschaftlicher Geselligkeit leben", schreibt dazu Rosemarie Schär, die selbst durch Studien an Schweizer Katzen bekannt wurde und heute als Katzenpsychologin tätig ist.

Einzelgänger Den Gruppenkatzen stehen die Einzelgänger-Tiere gegenüber, die in der Regel im selben Umfeld leben, sich jedoch im Gegensatz zu den sozialen Tieren freiwillig abseits halten. „Das Zusammenleben von Einzelgängern

Alles nur eine Sache der Gewöhnung. Rassetiere kennen nichts anderes als das Zusammenleben mit anderen Katzen. Ihnen würde der soziale Kontakt sicherlich sehr fehlen, wenn sie als Einzeltiere in ein neues Zuhause genommen würden.

funktioniert vor allem durch das Vermeiden von persönlichen Begegnungen. Diese Strategie reduziert gewöhnlich die Konflikte zwischen den Tieren auf ein Minimum", schreibt Rosemarie Schär. Auf diese Weise funktioniert auch so manche Ehe bei uns Menschen. Doch manchmal muss man sich eben treffen und das geschieht auch bei den Katzen und das nicht nur zur Paarung.

Treffen der Geschlechter Paul Leyhausen beobachtete die „Bruderschaft der Kater", später wurde auch eine „Schwesternschaft der Katzen" gesehen. In Wirklichkeit sind diese seltsamen Treffen der normalerweise solitär lebenden Katzen vom Geschlecht eher unabhängig und dienen scheinbar keinem besonderen Zweck, zumindest

Katzen jagen allein. Wenn sich zwei von ihnen auf der Wiese begegnen, würden sie nie beschließen, gemeinsam ein Kaninchen zu jagen, wie es Hunden zuzutrauen ist. Katzen streiten sich dagegen eher um das Revier. Gewöhnlich jedoch gehen sie sich aus dem Weg, es sei denn, zwei Kater buhlen gerade um die gleiche rollige Katze.

ist dieser für uns Menschen nicht erkennbar. Die Katzen sitzen bei diesen Treffen auf einem anscheinend neutralen Territorium ihres Streifgebietes in respektvollem Abstand und vollkommen friedlich beisammen. „Dies ist umso erstaunlicher, da sich selbst soziale Katzen im Allgemeinen unfreundlich gegenüber fremden Individuen verhalten", erklärt dazu Rosemarie Schär.

Wohnungshaltung Auch hier leben die Katzen meistens friedlich miteinander. Und sie leben nicht nebeneinander, sondern durchaus als Gemeinschaft, wenn auch nicht in der Art eines Hunderudels. Denn die hierarchischen Strukturen sind nicht so stark ausgeprägt wie beim Hund. Katzen kennen die Dominanz und die Unterwerfung, aber sie sind nicht devot. Das heißt, wenn sich zwei Katzen absolut nicht riechen können, dann verschwindet im Regelfall die unterlegene Katze für immer. Dass das in einer Wohnung nicht geht, verursacht gelegentlich einen so heftigen Dauerzoff, dass eine Katze weggegeben werden muss. Zumeist arrangieren sich feindselig eingestellte Tiere, indem sie sich aus dem Weg gehen, wie es die frei laufenden Katzen auch tun.

Wegerechte Im Garten gibt es dafür Wegerechte und Zeitpunkte für das Aufsuchen bestimmter strategisch wichtiger Orte, die unter den Katzen der Nachbarschaft teilweise mit heftigen Kämpfen geregelt werden. Daher ist der von Leyhausen geprägte Begriff der „Bruderschaft" etwas irreführend, da er über die Tatsache hinwegtäuscht, dass die Tiere nicht eben zimperlich miteinander umgehen, wenn eines von ihnen außerhalb der Tref-

Zeitpläne und Wegerechte. Mit Düften an Pfosten und für uns noch völlig geheimen Zeichen machen Katzen ab, wer wann wo entlanglaufen und sich aufhalten darf. Bei so manchem Zusammentreffen werden solche Vereinbarungen neu ausgekämpft.

fen die Reviergrenzen oder sonstige Regeln missachtet. Eine allgemein gültige Struktur dieser Regeln konnten die Wissenschaftler allerdings nicht herausfinden. Die Vereinbarungen zwischen Katzen scheinen sehr von den Umständen der jeweiligen Gruppe abzuhängen. Warum manche Katzen sich zum Einzelgänger entwickeln, andere lieber gemeinsam alt werden wollen, hat die Forschung inzwischen recht gut dokumentiert. Denn es hat für uns Menschen und ihre Familienkatzen große Bedeutung, ob das gewählte Tier gegenüber seinen Artgenossen sozial oder solitär eingestellt ist.

Revierverhalten

Mit kleinen Sendern am Halsband der Katze konnte Rosemarie Schär kaum mehr Informationen erhalten, als die über die Größe des Reviers ihrer Versuchskatzen, wie oft die Tiere draußen waren und dass sie die meiste Zeit herumsitzen oder -schlendern und ein bisschen jagen. Eine Regelmäßigkeit war darin kaum zu erkennen.
Auffallend war in dieser Studie, dass das Revier der Männchen rund 3,5-mal so groß war wie das der Weibchen und zwar deshalb, weil Kater viel mehr in Sachen Fortpflanzung unterwegs sind als die Katzen. Wie weit die beobachteten Katzen sich vom Zuhause entfernten, hing zusätzlich von der Dichte der Katzenpopulation und vom Nahrungsangebot ab. Manchmal genügt einem Tier ein Radius von 100 Metern vom eigenen Zuhause. Gelegentlich legen Kater mehrere Kilometer zurück, vor allem, wenn sie die Fährte eines paarungsbereiten Weibchens aufgenommen haben.

Kommunikation und

Verhalten

Wenn Katzen reden könnten, dann würden sie wohl nicht viel reden. Denn sie sind stille Tiere, die sich untereinander mit Duftmarken die wichtigsten Dinge mitteilen und in direktem Kontakt Körpersprache wirksamer einsetzen als Gemaunze.

Wie Katzen sich mitteilen

Man könnte meinen, geborene Einzelgänger brauchten kaum eine Verständigung untereinander, außer: komm her, paar dich mit mir und tschüss. Die Mittel dafür könnten minimal sein – ein paar Sexuallockstoffe, ein bisschen werben, balzen, turteln, zur Sache kommen und fertig.
Doch so einfach ist die Sache nicht. Denn gerade ein Einzelgänger muss seinen Artgenossen über große Entfernungen etwas mitteilen können, sowohl das „Komm her" als auch das „Bleib fern". Und schließlich sind Katzen nicht nur als Einzelgänger festgelegt, sondern haben auch ein gewisses Gruppenverhalten, insbesondere, wenn es um das Aufziehen von Jungtieren geht. So hat gerade die Katze ein besonders umfangreiches, ausgeprägtes Kommunikationssystem entwickelt, das sogar dem von uns Menschen in mancher Hinsicht überlegen ist.

Sinne Katzen nutzen alle Sinne zur Kommunikation: Sie teilen sich mit Gerüchen einiges mit, sie wissen ihre Körpersprache sehr informativ einzusetzen und sie reden auch miteinander, wenn auch die Lautsprache von all diesen Verständigungsmitteln unter Katzen die kleinste Rolle spielt. Wie viel von der verbalen und nonverbalen Sprache als ererbt anzusehen ist, lässt sich – wie erwähnt – schwer beurteilen, da Jungkatzen im Prinzip schon mit wenigen Wochen zu

Schnurren ist wie eine Liebeserklärung. Es ist das schönste Geräusch, das Katzen machen können, zeigt es doch die totale Hingabe an das Streicheln und Liebkosen. Allerdings kann Schnurren auch noch weniger schöne Gründe haben.

allen Bewegungen und Lauten fähig sind, doch den Einsatz derselben erst mit der Zeit lernen oder manches Programm erst später einsetzen werden, etwa das Paarungsverhalten.

Lautsprache – Mehr als miau mio

Nur mit uns Menschen reden Katzen gerne und relativ viel, weil sie gelernt haben, dass wir hinsichtlich Körpersprache und Düfte vollkommen minderbemittelt sind. Ein hungriger Blick lässt uns noch lange nicht aufspringen, um den Napf zu füllen. Schwanzpeitschen, angelegte Ohren halten nicht jeden sofort davon ab, eine Katze zu berühren. Auf was wir Menschen reagieren, ist ein ultimatives Miau aus der Küche, ein klägliches Miau vor einer Tür oder ein giftiges Fauchen und Spucken.

Gesprächige Miezen Dass Katzen mit uns Menschen so viel reden, miteinander jedoch kaum, hat die Forscher vor die Frage gestellt, ob wir Menschen uns im Laufe der Jahrhunderte solche gesprächige Katzen herangezüchtet haben, oder ob die Miezen ganz einfach schon als Babys lernen, dass wir Menschen eher auf Töne reagieren und dass uns ihre vielsagenden Blicke in Wirklichkeit nichts sagen. Der amerikanische Forscher Nicholas Nicastro von der Cornell Universität sieht beides für wahr an, dass wir Menschen einerseits auf die miaufähigen Katzen seit Jahrtausenden mehr abfahren als auf die kaum sprechbegabten Wildkatzen. Und dass umgekehrt die Miezen uns ihrerseits vollkommen leicht mit Miaus steuern könnten, wie der Forscher sogar vor der Amerikanischen Akustikgesellschaft in Pittsburgh im Mai 2002 vorstellte. Seinen Tests zufolge wissen wir Katzenhalter sehr genau, was ein Miau zu bedeuten hat. Die Probanden mussten verschiedene Miaus bewerten und konnten ganz leicht ein „Frühstück! Aber schnell!" (lang gezogenes, tiefes Miau) von einem „Schmusen, bitte zärtlich, hinter den Ohren.." (kurze, in der Tonhöhe variierendes herzzerreißendes Mii) unterscheiden. Die Katze brauchten sie dazu gar nicht zu sehen.

Schnurren und Schnattern Wissenschaftler konnten immerhin 16 verschiedene Grundtöne von Katzen identifizieren und in eine der drei Kategorien „Murmeln, Gesang, hohe Töne" (Michael Fox) zuordnen. Zum Murmeln gehört alles, was die Katzen mit geschlossenem Maul hören lassen, z.B. das Schnurren. Der Gesang ist alles, was man als Sprechen ansehen kann, z.B. das klassische Miau. Und die hohen Töne benutzen Katzen in der Kommunikation untereinander, z.B. Knurren, Zischen, Fauchen. Daneben gibt es einige Geräusche, die sich hier nicht zuordnen lassen, etwa das Schnattern, wenn eine Beute unerreichbar ist.

Sprachentwicklung Wenn die Kätzchen zur Welt kommen, beherrschen sie nur einen Bruchteil von diesem Geräusch-Repertoire. Neugeborene können neben dem „Hol-Mich-Miii" schon schnurren, grollen, fauchen und zischen. Drei Monate später haben sie ihre Sprechausbildung hinter sich. Und uns Menschen fällt das meistens gar nicht auf. Außer in speziellen Situationen.

Mausruf Eine solche Situation ist dann, wenn die Mutter mit einem lauten Geschrei zu den Jungen kommt, wenn sie eine Maus gefangen hat. Diesen Ton, so laut er ist, erzeugt die Katze durch die Zähne hindurch. Das ist ziemlich merkwürdig und Halter von Freilaufkatzen kennen ihn bestimmt. Denn auch wenn ihnen eine Übungs- oder Speisemaus gebracht wird, „klagt" die Katze auf diese eigentümliche Weise. Will sie damit die Aufmerksamkeit ihrer Jungen schnell auf sich ziehen? Interessant ist in diesem Zusammenhang, dass die Katze je nach Beute einen anderen Ruf macht, wie Paul Leyhausen herausgefunden hat. Beim „Mausruf" kommen die Jungen schnell heran, beim „Rattenruf" nähern sie sich nur vorsichtig. Ansonsten sind Warnschreie, wie man sie von anderen Tierarten vielfach kennt, bei Katzen eher selten.

Auseinandersetzungen Das friedliche Miteinander von Katzen ist stumm, was uns dauerquasselnden Menschen als angenehm auffällt. Umso bestürzter sind wir, wenn draußen das Hauen und Stechen der Kater mit heftigem Geschrei beginnt, vorwiegend im Vorfrühling und im Hochsommer. Dann geht es laut her, nachts, frühmorgens, zur Abenddämmerung dringt ihr Kampfgeschrei zu uns ins Haus und manchmal auch das Klagen rolliger Katzen, die sich anhören (und benehmen), als hätten sie schlimme Bauchkrämpfe. Bis das Geschrei zu hören ist, und wir Menschen mer-

Hören und sehen. Die Lautsprache wird von der Körpersprache zumeist sehr eindrucksvoll unterstützt. Man muss bei diesem Kätzchen gar nicht hören, dass es faucht, man kann es auch an der Ohrenstellung und den böse funkelnden Augen erkennen.

INFO

Schon mal von Katzen gehört?

1. ***Worte***
   Befehl-Miau
   Begrüßungs-Mi-Mi
   Bettel-Miau
   Drohgeheul
   Hau-ab-Schrei
   Wutschrei
   Schmerzschrei
   Schmerz-Jammern
   Brunftschreien rolliger Katzen
2. ***Sonstige Töne***
   Knurren
   Fauchen
   Grummeln
   Schnurren
   Spucken
   Schnarchen
   Zähneknistern
   Zischen

ken, dass draußen etwas im Busch ist, hat die Auseinandersetzung praktisch schon fast ihr Ende erreicht.

Körpersprache – Guck mal, wer da spricht

Denn zuvor haben sich die Rivalen oder zwei künftig „Liebende" umkreist, beschnuppert im Gesicht und am Po, haben sich einen Katzenbuckel und die Krallen gezeigt, und sich schließlich irgendwie aus der Affäre gebracht oder im Gegenteil eine solche miteinander angefangen.

Rituale Das Kämpfen und Turteln ist standardisiert und mit vielerlei Ritualen festgelegt. Viele Signale sendet die Katze unwillkürlich aus, andere setzt sie gezielt ein. Zu den unwillkürlichen gehört es z. B., wenn sich die Pupillen bei Angst weiten. Eine in die Enge getriebene Katze hat trotz Helligkeit weite Pupillen. Eine aggressive Katze zeigt dagegen nur schmale Schlitze. Unterlegenheit heißt bei der Katze noch nicht Unterwürfigkeit. So gibt es bei der Katze zwar Besiegte, aber keine Speichellecker, wie bei den Hunden. Starrt eine Katze aggressiv in die Augen, sieht eine unterlegene Katze irritiert weg und zeigt ihren Unwillen zu kämpfen. Wirft sie sich auf den Rücken, ist das anders als beim Hund keine Unterlegenheitsgeste, sondern vielmehr nur ein Positionswechsel, um mit allen vier Pfoten gleichzeitig zuhauen zu können. Bewegt sie ihren Schwanz, ist das wiederum nicht freundlich wie beim Hund gemeint, sondern ein Zeichen von Unmut. Es dient als Warnung, ihr nicht länger auf den Pelz zu rücken.

INFO

Was meint die Katze?

Zeichen von Aggression und Wut
- Aufgestellte nach außen gerichtete Ohren
- Enge Augenschlitze
- Anstarren
- Drohbuckel mit aufgestellten Haaren
- Große, steifbeinige, seitliche Körperhaltung
- Schnurrhaare nach vorne, aufgefächert
- Knurren, Fauchen

Zeichen von Unterlegenheit und Angst
- Angelegte Ohren
- Weite Pupillen
- Wegsehen
- Gesträubte Nackenhaare
- Geduckte Körperhaltung
- Schnurrhaare zurück oder nach unten zeigend, eng beieinander
- Spucken, teilw. auch Schnurren bei Angst

Zeichen von Freude und Freundlichkeit
- Aufmerksam, nach vorne gestellte Ohren
- Offene oder halbgeschlossene Augen
- Nicht starrender Blick, Schlafen
- Anliegendes Fell
- Entspannte Körperhaltung, Um-die-Beine-Streichen, Auf-den-Schoß-Springen
- Schnurrhaare zur Seite, auseinander gefächert
- Schnurren, zartes begrüßendes Miau, kräftiges befehlendes Miau

Kater trifft Kater Die meiste Zeit einer feindlich gesinnten Begegnung verbringen die Kontrahenten mit Umschleichen, Anstarren, Anknurren und Anschreien. Der eigentliche Kampf ist meistens eher kurz, aber heftig. Wenn die beiden zur Sache kommen, fliegen buchstäblich die Fetzen: Viele potente frei laufende Kater tragen aufgeschlitzte Ohren wie Trophäen auf dem Kopf, und vielleicht haben sie sogar eine ähnliche Status-Funktion wie früher der „Schmiss“ bei den Studentenverbindungen. Ohne Narbe im Gesicht gehen sie (Studenten, Kater) nicht nach Hause: Was würden denn da die anderen sagen, wenn man nicht einmal einen sichtbaren Kampfbeweis mitbringt…

Freund oder Feind? Bei der Katze ganz links ist was im Busch. Noch ist sie unentschlossen, ob ein Angriff sinnvoll ist. Die Katze in der Mitte weiß dagegen noch nicht, ob sie noch davonlaufen kann oder ob sie zum Kampf gezwungen wird. Das Tier rechts ficht dagegen gerade gar nichts an.

Düfte – Das „Internet“ der Katzen

Wenn Ihre Katze ihr Köpfchen so niedlich an Ihnen reibt, dann sehen Sie darin eine freundliche Schmusegeste. In Wirklichkeit wurden Sie soeben markiert. Denn an den Wangen hat die Katze Duftdrüsen, mit denen sie ihren Geruch auf „ihren Besitz“ verteilt. Köpfchenreiben ist zum Trost für alle Katzenhalter dennoch eine Geste der Zuneigung, denn Leute, die sie nicht mag, werden auch nicht als zugehörig markiert.
Die bekommen wiederum ganz andere Düfte zu riechen, welche zumeist aus der Analdrüse am After kommen und z.B. signalisieren können: Hau ab! Schließlich gibt es noch Drüsen an der Schwanzwurzel, die Duft bei Reibung absondern, sowie Schweißdrüsen an den Pfotenballen, die eine Duftmarke abgeben, wenn die Katze an einem Gegenstand kratzt. Das, was wir Menschen als Krallenschärfen ansehen, ist in Wirklichkeit fast immer nur ein Auffrischen des „Hier ist mein Zuhause“-Duftes. Die bei Wohnungskatzen nahezu ungenutzten Krallen müssen ja auch gar nicht so häufig geschärft werden...

Duftmarken Urin und Kot sowie das Sekret aus der Analdrüse sind die wohl am stärksten riechenden Duftmarken von Katzen, die auch wir Menschen wahrnehmen, obwohl unsere Nasen anatomisch weit weniger gut gebaut sind. So

Blumenduft ist Nebensache. Hauptsache, die Duftmarken sind noch da und wenn nicht, erneuert eine Freilaufkatze sie regelmäßig, um jedem Eindringling deutlich vor die Nase zu halten: Hier ist mein Revier!

mancher, der in einen von Katzen markierten Raum kam, hat sich gewünscht, dass seine Nase noch schlechter wäre. Wie stark abschreckend die Katzen selbst die Markierung der Konkurrenz empfinden, können wir nur vermuten. Man kann jedoch beobachten, dass solche Katzen, die sich als Boss sehen und ihren Rang erhalten wollen, sogar ihren Kot nicht wie üblich verscharren, sondern offen liegen lassen.

Newsletter Katzen, die sich draußen aggressiv oder im Liebeswahn umkreisen, um das Beispiel noch einmal aufzunehmen, haben sich zuvor mit Hilfe von Düften gefunden. Könnten wir die Gerüche, die draußen (und drinnen) von Katzen (und Hunden) verteilt, gerochen, erkannt und interpretiert werden, für unsere Augen sichtbar machen, würden wir uns ziemlich wundern. Denn dann zeigte sich, dass nahezu an allen Bäumen, Mauerecken, Türen, Pfosten, Zäunen, schier überall eine Katze sich als Besitzer derselben fühlt und, dass unsere Umwelt als eine großflächige Plakatwand für die Tierwelt fungiert.

Zeitinformationen In diesen Nachrichten stecken auch Zeitinformationen. So wie wir Menschen einen Brief am Anfang datieren, damit der Empfänger weiß, wann der Brief geschrieben wurde, legen auch die Katzen mit ihren Duftspuren Zeiten fest, die z.B. Folgendes sagen können:

- Ich war gerade da! Vorsicht, ich bin noch in der Nähe.
- Ich war schon vor längerer Zeit da, komme aber wieder!

- Ich kontrolliere hier, und wehe Du kommst mir in die Quere.
- Hallo ihr Kater, ich bin gerade rollig, wo seid ihr?

Fremde im Revier Duftmarken allein scheinen Eindringlinge nicht vertreiben zu können, wie man an verschiedenen Katzenkolonien beobachtet hat. Sie dienen vielmehr zur Information, zur Warnung, vielleicht auch zum Demoralisieren und Einschüchtern. Ein entschlossener und kräftiger Angreifer wird sich davon vielleicht sogar anstacheln lassen. Ein schwacher Gegner meidet dann ein Zusammentreffen mit dem Aussender der Duftmarke. Er wird jedoch kaum deshalb das Revier verlassen.

Schlaf – Bis zu 20 Stunden täglich

Zwischen 16 und 20 Stunden können Katzen täglich schlafend verbringen – Dösen, Leichtschlaf, Tiefschlaf und Träumen inbegriffen. Nur Opossums und Fledermäuse schlafen noch länger. Somit wäre die Katze das ideale Heimtier: Sie schläft, während wir ihre Futterdosen besorgen, sie schläft auch, wenn wir selbst im Bett sind. Und sie verschönt uns die paar Stunden, die wir täglich zu Hause sind. Leider aber ist es nicht ganz so: Denn Katzen verteilen ihren Schlaf auf viele Nickerchen, die sich auf zwei Drittel des Tages summieren. Und sie verpennen somit auch viel Zeit, die wir zuhause sind, und signalisieren: Bitte nicht stören, Katze träumt. Andererseits sind Katzen meistens nicht böse, wenn man sie durch Streicheln weckt.

Scharfe Sache. ***Wenn eine Katze an einem Pfosten kratzt, schärft sie nicht nur ihre Krallen. Sie hinterläßt vielmehr gerade jetzt Duftmarken, die sie über die Pfotenballen auf das Objekt überträgt.***

Der Traum ist Wirklichkeit, auch für Katzen Nicht, dass wir genau wüssten, wovon eine Katze träumt, wir wissen jedoch, dass sie träumt, wenn sie anfängt, mitten im Schlaf zu zucken, zu zappeln und zu brabbeln. Wissenschaftler fanden heraus, dass die Katze wie wir Menschen einen Traumschlaf hat, was man anhand der Gehirnströme messen kann. Der Traumschlaf bedeutet absoluten Tiefschlaf: Die Katze ist daraus kaum aufzuwecken, obwohl das Muster der Gehirnströme sich kaum von dem des wachen Tieres unterscheidet. Die Bewegungen, die eine Katze währenddessen macht, deuten auf Träume vom Jagen und Putzen und anderem Alltagsgeschehen hin. Liebe und Sexualität aber kommen darin nicht vor. Erstaunlich ist auch die Länge des Traumschlafs: Bis zu drei Stunden täglich haben die Forscher festgestellt. Das ist eine Stunde bzw. ein Drittel mehr, als wir Menschen träumen. Und wenn man bedenkt, dass die Schlafforschung herausgefunden hat, dass die Traumphasen umso länger sind, je höher das Lebewesen bzw. sein Gehirn entwickelt ist, lässt dies Rückschlüsse auf die bislang unterschätzte Intelligenz der Katzen zu.

Traumjäger Das Rascheln einer Maus kann den Sinn einer Katze ganz schnell wandeln: Statt zu dösen, macht sie lieber Jagd. Und so gibt es Katzen, die sogar 12 Stunden täglich jagen – vermutlich einfach nur, weil's so schön ist. Reine Wohnungskatzen, denen solche Animationen fehlen, schlafen viel mehr. Das sind die 20-Stunden-täglich-Kandidaten. Man hat jedoch

INFO

Der Traumschlaf, Tiefschlaf oder auch paradoxer Schlaf genannt, wechselt sich mit dem Leichtschlaf ab, aus dem die Katze recht schnell erwacht, z.B. durch das Rascheln einer Maus im Gebüsch.

auch festgestellt, dass diese zu behütet gehaltenen Katzen gelangweilt sind und in ihren Wachphasen zu aggressiven Ausbrüchen neigen. Es ist also besser, die Katze etwas mehr zu beschäftigen. Dann schläft sie besser, hat tolle Erlebnisse im Traum zu verarbeiten und ist somit im Wachzustand zufriedener und ausgeglichener.

Körperpflege – Zwei Stunden für die Reinlichkeit

Forscher fanden heraus, dass Katzen sich rund 30 Prozent ihrer wachen Lebenszeit putzen. Das heißt: Eine Katze, die pro Tag 18 Stunden schläft, folglich sechs Stunden lang täglich wach ist, putzt sich etwa zwei Stunden lang – und das nicht nur einmal die Woche, sondern Tag für Tag. So sind Katzen wirklich wunderbar saubere Wesen, herrlich anzufassen, richtig appetitlich. Und so haben sie die Hunde in Punkto Reinlichkeit weit hinter sich gelassen. Für Sauberkeitsfanatiker ist eine Katze nahezu ideal.
Es sei jedoch angemerkt, dass sich Katzen die Pfoten nicht abwischen und auch nicht säubern lassen wie ein Hund, wenn sie vom Klo oder von draußen kommen, und dass sie zum Fellwechsel mehr haaren, als der Hausfrau oder dem Putzmann lieb ist.

Katzenwäsche gleich Katzen-Yoga Es fängt an mit einfachen Übungen, mit Ablecken der Pfoten und der Flanken, mit Wischen im Gesicht, steigert sich zur körperlich anstrengenderen Streckübung hin, zum Ablecken von Rücken und Schwanz und endet in einem meditativen Knoten mit hochgerecktem Bein, während die Katze ihre Analregion säubert. Im Verlauf dieser körperlichen Reinigung versinkt die Katze in eine Art Trance, die ihr erlaubt, jede Störung zu ignorieren.

***Bis hinter die Ohren.* Der Anfang der Putzzeremonie scheint individuell gestaltbar zu sein. Manche lecken erst an den Pfoten, andere schlecken sich als Erstes am Hals, soweit die Zunge reicht. Das Ende der Waschung ist meistens der Po. Um den zu erreichen, sind Katzen zu erstaunlichen Verrenkungen fähig.**

Wer je versucht hat, eine Katze während ihres Putzrituals zu streicheln, wird gemerkt haben, dass sie unbeirrt weiterleckt – die streichelnde Hand gleich mit. Zum Putzen gehört auch, dass sich die Katze Fellknoten herausbeißt. Und wenn die streichelnde Hand nicht sofort verschwindet, wird sie wie ein Fellknoten weggebissen. Also Vorsicht, wer einen kleinen Putzteufel bei der Arbeit stört!

INFO

Katzenwäsche
Schnell mal hier geleckt, kurz dort drübergeschleckt und fertig ist die Katzenwäsche. So sah das für die aus, die den Begriff „Katzenwäsche" erfunden haben. Sie könnten den Katzen nicht mehr Unrecht tun. Denn das, was sie beobachtet haben, ist nur eine Verlegenheitsgeste, die mit dem Ziel, sauber zu werden, gar nichts zu tun hat. Katzen lecken sich das Fell nämlich auch aus anderen Gründen. Die erwähnte Übersprungshandlung gehört dazu. Aber auch ein Anfeuchten des Fells bei großer Hitze. Katzen können nicht schwitzen. Deshalb lecken sie sich nass, wenn es ihnen zu heiß wird. Eine weitere Funktion der Schleckerei ist sozialer Natur. Wenn sie sich gegenseitig das Fell putzen, heißt das zumeist: Ich mag dich. Manchmal sogar noch mehr: Ich mag dich so, dass ich dir beim Putzen helfe. So waschen sich sehr eng vertraute Katzen manchmal gegenseitig im wahrsten Sinne des Wortes den Kopf – die Stelle,die jede für sich am schlechtesten selbst putzen kann.

Spielen – Jagen ohne Jagd

Sie jagen hinter Korken, Schnüren und Bällchen her, sie massakrieren Vorhänge und Topfblumen, sie balgen sich mit Stuhlbeinen und Teppichfransen und häufig auch mit ihren Geschwistern: Kleine Katzen sind beim Spielen allerliebst anzusehen, und es ist so offenkundig, dass sie hier ihre jagdlichen Fähigkeiten erproben, dass es uns gar nicht in den Sinn kommt, es könne anders sein. Dennoch fanden Forscher heraus: Spiel ist Spiel und Jagd ist Jagd, auch wenn es hier verwirrende Überschneidungen gibt.

Gemeinschaftsspiele Das Beutespiel, oder auch Objektspiel genannt, begeistert schon drei Wochen alte Kätzchen. Mit sechs, sieben Wochen beginnen sie, immer mehr miteinander zu raufen und sich auch mit erwachsenen Katzen spielerisch zu balgen. Mit diesem als Gemeinschaftsspiel bezeichneten Raufen üben sie die Kampfkünste untereinander, aber keiner von ihnen nimmt ein paar heftige Tritte oder Bisse dabei krumm. Denn irgendwie wissen Katzen untereinander, dass dies nur das Spiel der Halbwüchsigen ist, vermutlich aufgrund der deut-

INFO

Spiel ist Spiel

Anschleichen, Hinterherrennen, Anspringen, Zuschlagen – das sind Verhaltensweisen des Jägers. Sie dienen auch dem spielenden Kätzchen, um einer Stoffmaus den Garaus zu machen. Keine Frage, dass ein Kätzchen beim Beute-Spiel sich auch zur Jagd rüstet. Notwendig ist dies indes nicht, denn auch nicht-spielende Katzen können mit etwas Übung noch geschickte Jäger werden.

lichen Übertreibung der Attacken. Im Vergleich zu einem ernsthaften Angriff, der immer mit Bedacht ausgeführt wird, gehen die Kätzchen völlig sorglos nach dem Motto „auf sie mit Gebrüll" vor. Es erinnert an die Art, wie Asterix und seine Freunde auf die Römer losgehen, völlig siegesgewiss und in froher Erwartung auf einen köstlichen Spaß. Dann fliegen ein bisschen die Fetzen, aber es passiert in Wirklichkeit nichts Schlimmes.
Im nächsten Moment kann man die Streithähne bereits wieder eng umschlungen auf der Couch liegen sehen. Und Sie schlummern tief und friedlich.

Sehr viele Säugetierkinder spielen – vom Elefantenkind bis zur Maus.

Bei Kätzchen ist das Spiel mit einem Gegenstand äußerst putzig anzusehen.

Und was viele andere später nicht mehr tun: Katzen spielen auch als ausgewachsene Tiere noch immer gerne.

Aus Spiel wird Ernst Sobald die Katzen dann erwachsen sind, spielen sie auch weiterhin gerne mit Gegenständen, allerdings nicht mehr so häufig und nicht mehr so putzig, wie zuvor als Babys. Die Raufereien zwischen ausgewachsenen Katzen verlieren ebenfalls an Charme, gewinnen jedoch leider an Schärfe, so dass aus Spaß öfter Ernst wird, als uns Katzenhaltern lieb ist. Und man hat dann sogar den Eindruck, dass die Kontrahenten manchmal sogar selbst erstaunt darüber sind, dass aus ihrer harmlosen Balgerei aus Langeweile eine richtige Schlacht aus Kratzen, Beißen, Fauchen und Knurren wurde. Katzen, die nach draußen können, spielen als Erwachsene übrigens weniger als reine Wohnungskatzen. Und sie hauen sich auch seltener die Krallen um die Ohren: Miteinander prinzipiell verträgliche Freilaufkatzen lassen manchmal nur ihren Frust über schlechtes Wetter oder vorübergehenden Stubenarrest, aus welchem Grund auch immer, aneinander aus.

Nichtstun Die Vorstellung, dass nur wir Menschen den nutzlosen Müßiggang kennen oder sogar erfunden haben, wird millionenfach in den Katzen haltenden Haushalten widerlegt. Ein Blick auf den Tagesablauf einer Katze zeigt, dass sie die meiste Zeit mit süßem Nichtstun verbringt. Warum glauben wir, dass das bisschen „doch was tun“ einer Katze einer plötzlichen Laune zum Nützlichsein entspringt? Unterwirft die gut genährte Katze nicht vielmehr ihre sämtlichen Aktivitäten dem Genussprinzip? So manches spricht eindeutig für diese Annahme. Das Spiel mit der Beute etwa. Es gibt im Wesentlichen zwei Gründe, warum eine Katze ihre Beute nicht sofort tötet: Sie hat keinen Hunger oder die Beute ist ihr suspekt, etwa zu groß (Kaninchen) oder zu klein (Schmetterling). In diesem letzteren Fall hat sie keine genaue Vorstellung, was sie mit dem Fang machen soll, und so „dreht und wendet“ sie die Angelegenheit

INFO

Warum spielen Katzen überhaupt?
Wenn das Spiel als Übung zur Jagd nicht nötig ist, warum spielen dann Katzen überhaupt? Die Forscher können dies zwar nicht eindeutig klären, es hat jedoch den Anschein, dass bei Katzen nichts anderes abläuft als bei uns Menschen: Es fördert den Zusammenhalt der Gruppe (der Jungtiere), es übt soziale Fähigkeiten, hält den Körper fit und nicht zuletzt: es macht ganz einfach Spaß. Lebensfreude ist auch im Tierreich eine weit verbreitete Motivation, Dinge zu tun, die keinen unmittelbaren Beitrag zur Lebenserhaltung leisten.

noch ein bisschen, um sich Klarheit zu verschaffen. Ist die Beute eher zu groß oder unbekannt, schlägt die Katze gelegentlich drauf und springt ängstlich wieder weg.

Spielmotivation Paul Leyhausen, der das Spiel- und Beutefangverhalten der Katze intensiv untersucht hat, teilt die Spielmotivation mit der Beute in drei Kategorien ein: gehemmtes Spiel, Stauungsspiel und Erleichterungsspiel. Das gehemmte Spiel sieht aus wie ein „Weiß nicht so recht, was tun-Spiel" oder „Hab eigentlich keine Lust-Spiel". Die Katze tippt die Beute immer mal wieder an, guckt zu, was sie macht, schiebt sie wieder zurück. Letztlich kann die Beute sogar entkommen, wenn sie's geschickt anstellt. Das Stauungsspiel ist ein heftiger Kampf auf Leben, aber seltsamerweise nicht auf Tod. Es sieht wahrhaft grausam aus, denn die Katze fängt die Maus immer und immer wieder, beißt sie jedoch nicht tot, sondern wirft sie sogar gelegentlich wie einen Ball durch die Luft, um sie erneut zu fangen. Ein solches Schleudern des Opfers sieht man auch beim Erleichterungsspiel, gewöhnlich mit erfolgreich getöteter Beute, gleichsam, um den Fang noch ein wenig auszukosten bzw. zu feiern.

***Catch as Cat can.** Das Raufen nennt die Wissenschaft „Gemeinschaftsspiel". Es trainiert die Kampfkünste und dient dazu, überschüssige Energie abzubauen. Und es macht offenbar einfach nur Spaß – so wie den Jungs auf dem Schulhof. Danach verträgt man sich nämlich sofort wieder.*

Bewegung tut Not. Ein Spielzeug, das nur herumliegt, ist ziemlich reizlos. Wenn eine Spielzeugmaus aber bewegt wird, erwachen sofort alle Sinne der Mieze. Dennoch hat alles auch seine Grenzen: Eine Katze zieht eine einfache Fellmaus zumeist einer laut ratternden Aufziehmaus vor. Denn das Ohr spielt mit, sozusagen. Und Mäuse rattern nun mal nicht.

Katz und Maus Die Grausamkeit, die wir im Spiel mit der halbtoten Maus sehen, erkennt eine Katze nicht. Sie scheint tatsächlich nur nach dem maximalen Lustgewinn zu handeln: Hat sie großen Hunger, bringt es ihr größere Befriedigung, die Maus gleich zu töten und zu fressen. Ist sie wohlgenährt, macht es für sie Sinn, noch ein bisschen Katz-und-Maus zu spielen. Und weiß sie nicht so recht, was sie tun soll, hat die Maus eben Pech gehabt.

Spieler-Naturen

Der Apportierfreudige: Es gibt Katzen, die klauen wie die Raben. Sie schleppen Handschuhe und sogar Hosen vom Nachbarn nach Hause, nachdem sie sie durch die Katzenklappe gezerrt haben. Diese fehlgeleitete Apportierfreude lässt sich mit einigen gezielten Wurfspielchen mit kleinen Fellmäusen in nachbarlich verträglichere Bahnen lenken. Der Apportierfreudige ist besonders am Spiel mit Gegenständen erfreut und braucht immer jemanden zum Mitspielen. Das beste Spielzeug für Katzen, sagte einmal Paul Leyhausen, ist das mit einem Menschen am anderen Ende.

Der Sprinter und Springer: Bälle und Korken, baumelnde Schnüre und Pflanzenblätter, Fliegen an der Wand – ihn lässt nichts ruhig sit-

***Wenn die Neugier siegt.* „Groß wie eine Maus. Die Farbe könnte gerade noch durchgehen. Riecht aber nicht nach Maus.“ Was eine Katze wirklich fühlt oder gar „denkt“, wenn sie mit Neugier ein Objekt untersucht, können wir uns leider nicht wirklich vorstellen.**

zen, das sich bewegt und bewegen lässt. Lebhafte Katzen brauchen viel Spielzeug und jede Menge Klettermöglichkeiten – sonst neigen sie zu dem, was uns wie Zerstörungswut vorkommt. Doch wie soll er ohne Kletterhilfe anders auf den Schrank kommen, als die Vorhänge hochzuklettern und ein Stück über die Raufasertapete zu hangeln? Unterwegs räumt er die Bücher vom Bord und die Blumentöpfe von der Fensterbank, zieht das Tischtuch mit der Kaffeetasse vom Tisch und rennt beim Weghüpfen die Stehlampe um...

Der Tüftler: Er arbeitet mit dem Hirn und ersinnt immer neue Wege und Möglichkeiten, seinen Horizont wörtlich und übertragen gesehen zu erweitern. Er kann ein Ausbrecherkönig sein, ein Futterklauer, ein Kühlschrankplünderer, ein nachbarlicher Störenfried, ein Versteckspieler. Bei ihm muss man mit dem Schlimmsten rechnen und gefährliche Dinge am besten ganz aus seiner Reichweite bringen. Denn er weiß nicht immer, wo seine Grenzen sind. Pflanzen werden angenagt, Sticknadeln ausprobiert, Zigaretten fertiggeraucht. Bei ihm müssen Sie stets auf der Hut sein und dürfen auch keine Wasch- oder Geschirrspülmaschine anstellen, ohne zu wissen, wo die Katze gerade ist.

Rätselhafter Appetit auf Gras. Sehr viele Katzen knabbern gerne an Grashalmen herum, schlucken ein paar und oft kommen diese dann wieder hervor. Manchmal begleitet sie ein Haarballen, häufig aber nicht. Und keiner weiß bis heute, was am Gras für einen Fleischfresser so interessant ist. Denkbare Gründe sind neben der Würgehilfe auch Ballaststoffe, Wohlgeschmack, Vitamine, Spieltrieb, Nachahmung anderer Tiere.

Ernährung – Geschmacksrichtung Maus

Katzen sind Fleischfresser und fangen sich daher in der Natur Mäuse, Vögel, Fische und kleine Kaninchen zum Sattwerden und zum vergnüglichen Dessert noch ein paar Käfer, Fliegen und Schmetterlinge. Von Gemüse steht auf dem natürlichen Speiseplan einer Katze nichts. Und so entspringen die Karottenstückchen und Erbsen in diversen Katzenfutterdosen mehr der menschlichen Vorstellung über ausgewogene Ernährung als einer physiologischen Notwendigkeit. Katzen können auf Petersiliensträußchen und Gemüse voll verzichten und manche von ihnen lehnen konsequent jedes Futter mit solchen Zusätzen ab. Auf der anderen Seite schadet Gemüse, also ein gewisser Anteil von Kohlehydraten, den Katzen auch nicht, solange sie hauptsächlich Eiweiß und Fett in Form von Fleisch angeboten bekommen. Denn auch in Mäusen sind Ballaststoffe (Knochen, Haut, Haare). So werden von der Futtermittelindustrie Gemüsesorten als Ballast zur besseren Verdauung beigemischt.

Gras Katzen lieben es dagegen, an ganz normalem Gras zu knabbern. Warum, darüber sind sich die Wissenschaftler noch nicht vollends schlüssig. Vermutlich hat es mehrere Gründe: Gras hilft, Unverdauliches zu erbrechen, etwa diverse Mäuseanteile oder beim Putzen verschluckte Haare. Ob die Katze aus dem Gras auch Vitamine aufnimmt oder es nur als Ballaststoff für bessere Verdauung benötigt, weiß man eben nicht genau. Es kann sogar sein, dass das Knabbern von Gras einfach nur Vergnügen bereitet. Reine Wohnungskatzen vergreifen sich manchmal an Topfpflanzen und Schnittblumen und man sieht, dass sie hier mehr von Spielfreude als von Appetit oder gar Hunger angetrieben sind. Frei laufende Katzen wissen vermutlich instinktiv, was giftig ist. Vielleicht lernen sie es auch von den anderen

Katzen. Bei Wohnungskatzen geht dieses Wissen häufig verloren.

Frisch muss es sein Katzen mögen kein faules Fleisch. Sie fressen sofort und heben nichts davon für später auf. Das liegt daran, dass sie einzeln jagen und nur kleine Tiere erbeuten können. Hunde stellen dagegen im Rudel größeren Tieren nach, die nicht immer sofort ganz zu verzehren sind. Hunde finden somit auch älteres Fleisch noch attraktiv, Katzen jedoch nicht. Eine kleine Maus auf Anhieb ganz zu fressen, ist nun auch kein großes Problem. Eine Mieze braucht sogar einige Mäuse täglich, um satt zu werden. In Dosen ausgedrückt sind das täglich zwei kleine Dosen oder eine hohe Dose pro Katze und Tag. Nur Mäuse finden sich nicht darin.

Durstlöscher Zum Trinken ist Wasser ausreichend, auch wenn die Miezen so gerne Milch und Sahne schlecken. In der Natur steht Milch nach der Säugephase nicht mehr zur Verfügung. Viele Katzen vertragen den Milchzucker in der Kuhmilch ohnehin nicht und bekommen Durchfall. Trinken und Fressen sind für Katzen im Übrigen zwei ganz unterschiedliche Dinge und sie mögen es nicht, wenn Futter- und Wassernapf nebeneinander stehen. In der Natur finden Katzen neben der Beute nur selten eine Trinkstelle. Manche Katzen sind so auf getrenntes Essen und Trinken programmiert, dass sie sogar den Wassernapf neben der Futterschüssel ganz verweigern.

Abartige Gelüste So sicher Katzen frisches Fleisch oder Frischfisch mögen, so sicher ist es auch, dass fast jede von ihnen irgendeine seltsame Vorliebe entwickelt. Rotweincreme, Rosinen, Kaffeebohnen, Gänseblümchen, Schafwolle, und und und – woran Katzen knabbern, sabbern und lutschen, ist ganz unterschiedlich. Viele dieser Gelüste haben ihren Ursprung in der Prägungsphase (siehe auch Kapitel 4) und sind dann fürs spätere Leben weitgehend fixiert. Manchmal kommen Katzen auch nur per Zufall auf den Geschmack oder sie haben gelernt, dass man mit dem Fressen der Birkenfeige wunderbar die Aufmerksamkeit von Herrchen oder Frauchen erregen kann. Solche Gelüste abzutrainieren ist in der Regel äußerst schwierig. Man muss versuchen, das Tier an einen Ersatz zu gewöhnen.

Trinken hat nichts mit Fressen zu tun. Katzen trinken am liebsten klares Wasser, das sie möglichst weit weg vom Futternapf finden. Dort wo Katzen fressen, trinken sie in der Natur praktisch nie. Denn Mäuse leben nur selten am Wasser.

Froh ums Klo. *Eine Katze will ihre Häufchen und Pfützen verscharren und zwar so, dass man nichts mehr riecht. Lässt eine Katze ihren Kot offen liegen oder verteilt Pfützen in der Wohnung, protestiert sie normalerweise gegen eine Veränderung ihrer Lebensumstände.*

Stubenrein ist ein Bedürfnis

Ihr natürlicher Drang zu Stubenreinheit macht Katzen zu idealen Wohnungstieren. Solange die Neugeborenen noch „ins Bett machen", säubert die Katzenmutter das Nest, indem sie die Exkremente wegschleckt oder indem sie mit dem Wurf an eine saubere Stelle umzieht. Kaum dass die Kätzchen laufen können, beginnen sie ganz von selbst, für ihr Geschäftchen im weichen Boden zu scharren. Ein natürlicher Drang lässt Katzen ihren Kot zuscharren. Immerhin würde er im Freien auch Feinde anlocken. Nur der Kater-Boss im Revier lässt seinen Kot gelegentlich offen liegen, um seine Herrschaftsansprüche zu sichern.

Unsauberkeit von Katzen gibt immer wieder Rätsel auf. Die meisten sind leicht zu lösen: Eine Katze, die ihr Kistchen nicht oder nicht mehr annimmt, protestiert in den meisten Fällen gegen verschmutzte oder neuartige Streu, gegen einen neuen Standort der Toilette oder gegen eine ganz andere Veränderung ihres Lebens, z. B. Hausarrest, Umzug, langes Alleinsein, etc. Die restlichen Fälle sind zumeist Rangprobleme mit anderen Katzen. Je mehr Katzen in einem Haushalt leben, desto mehr markieren sie auch. Ein Neuankömmling animiert fast immer eine der alteingesessenen Katzen zum Harnspritzen. Meistens gibt sich das Problem bei kastrierten Tieren von selbst, wenn sie ihre Rangfolge neu geregelt und sie sich aneinander gewöhnt haben. Bei potenten Katern funktioniert dies nicht. Sie spritzen wesentlich mehr und sie dulden normalerweise keinen anderen potenten Kater in ihrer Nähe, manchmal noch nicht einmal einen kastrierten Geschlechtsgenossen.

Jagd

Ein angeborenes Verhalten Eine Maus, die von einer Katze erwischt wird, hat Pech: Mit größter Wahrscheinlichkeit wird sie nicht mehr entwischen können. Und vermutlich erliegt sie ziemlich schnell dem

Tötungsbiss der Katze. Diesen gezielten Biss in den Nacken beherrschen alle Katzen, sogar heimverwöhnte Edelkatzen. Sie müssen zwar etwas üben, doch mit der Zeit lernen auch sie, wie das Töten von Mäusen am effizientesten funktioniert. Das Jagd- und Tötungsrepertoire einer Katze ist weitgehend angeboren, wird jedoch durch das Vorbild der Katzenmutter einstudiert und verfeinert.

Auf Mäusefang Handelt es sich um eine Maus, sitzt die Katze zunächst ruhig in der Nähe des Mauselochs und wartet darauf, dass ihr Mittagessen die Nase herausspitzt. Dann verharrt die Katze ganz ruhig und lässt dem Nager Zeit, sich etwas von der schützenden Höhle zu entfernen. Erst, wenn der Rückweg ins Mauseloch zu lang ist, rennt und springt sie in Sätzen blitzartig auf die Maus, haut ihr die Krallen ins Fell und schnappt sie mit den Zähnen. Diesen letzten Sprung auf die Beute nennt man auch den Mäuselsprung.

Übungsbeute Die besten Techniken zum Beutefang zeigt in der Regel die Katzenmutter ihren Jungtieren anhand von Übungsbeute. Sie bringt zu diesem Zweck bereits leicht angeschlagene Nagetiere verschiedener Größe ins Nest ihrer Jungtiere. Nach Studien von Prof. Paul Leyhausen (Katzen – eine Verhaltenskunde), lernen Katzen mit der Zeit von selbst, welche Tiere als Beute geeignet sind und welche nicht.
Es gibt also keine frühkindliche Prägung auf eine bestimmte Beuteart, so dass auch Katzen, deren Mutter ausschließlich Mäuse zum Nest brachte, später unter Umständen bevorzugt Vögel fangen.

Draußen macht sich's am schönsten. Katzen, die Zugang zur Natur haben, suchen sich dort ihre Ecken fürs Geschäftliche. Blumenbeete und Sandkästen sind besonders beliebt, deshalb muss man diese so anlegen, dass Katzen dort nicht hinein wollen oder können.

WICHTIG

Beutefang
Katzen sind kleine Raubtiere, die mit dem Beutefang leider ein grundlegendes Bedürfnis stillen – unabhängig von ihrer Ernährung. Auch gut gefütterte Miezen gehen auf die Jagd, so dass es nutzlos ist, besonders viel Futter anzubieten, es sei denn, Sie wollen die Katze mit Fettleibigkeit ausbremsen, was aus gesundheitlichen Gründen nicht ratsam ist.

Freund oder Feind? Wenn sie gemeinsam mit einer Katze aufwachsen, sind Kaninchen und Meerschweinchen keine Beute. Sonst schon, vor allem die Jungtiere.

Gefahr für andere Tiere Es gibt zum Jagdverhalten der Katzen eine Vielzahl von Studien, die zum Teil widersprüchliche Angaben über die Gefährlichkeit von Katzen machen.

Nach neueren Erkenntnissen einer Forschergruppe um Dr. Robie McDonald von der Bristol University und der britischen „Mammal Society" sind Katzen in der Tat für einen großen Verlust an kleinen Lebewesen verantwortlich. Sie errechneten, dass die rund acht Millionen britischen Hauskatzen jährlich rund 275 Millionen Tiere erlegen.
Die meisten waren Mäuse, sowie ungenießbare Wühl- und Spitzmäuse. Weitere Beute waren Kaninchen, Eichhörnchen, Wiesel, Eichelhäher, Spechte, Möwen, Singvögel. Ratten fingen sie dagegen nur selten.

Singvögel Im scheinbaren Widerspruch steht dazu die Tatsache, dass die Gärten voller Sing- und anderer Vögel sind, Gartenbesitzer sich mit Mäusen und Wühlmäusen herumplagen und man offenkundig keinen Mangel an Wildtieren im Garten hat, wie auch die Mammal Society feststellen konnte. Erstaunlich ist sogar, dass Katzenbesitzer, die einen Vogelfutterplatz eingerichtet haben, sogar eine besonders große Zahl von Singvögeln im Garten vorfindet. Die Wissenschaftler erklären dies damit, dass viele Vogelaugen auch viel und schnell vor dem Nahen der Katze warnen können.

TIPP

So schützen Sie die Wildtiere

Glöckchen am Halsband haben sich als relativ nutzlos erwiesen. Sie warnen eher die Mäuse, aber nicht die Jungvögel. Eine Kastration ist zwar immer sinnvoll, dämpft jedoch nicht die Jagdlaune der Katze. Gutes Futter ist für Katzen wichtig, hält sie jedoch auch nicht vom Jagen ab. Die wirkungsvollste Maßnahme ist – vom kompletten Einsperren einmal abgesehen – ein nächtliches Ausgehverbot. Damit lässt sich die Beute einer Katze, so die britischen Forscher, um 80 Prozent verringern. Der beste Schutz für Vögel ist eine Baummanschette um große Stämme, zum Schutz der Nester, sowie eine dichte Dornenhecke mit Beeren.

Fortpflanzung

Rolligkeit Wenn sich die Mieze plötzlich am Boden wälzt und augenrollend, kläglich schreiend ihr Hinterteil hochreckt, dann ist das dem peinlich, der weiß, was hier abläuft: Die bislang gesittete Katzendame gebärdet sich als sexhungrige Muschi. Und wer weiß, wie viel Katzen vor allem durch Beobachten lernen, der kann nur hoffen, dass in dieser Situation kein Besuch kommt und falsche Schlüsse aus der sich windenden Katze auf dem Teppich zieht. Keine Sorge: Dieses Verhalten musste sie nicht lernen. Die Rolligkeit und alles, was an sexuellem Verhalten im Normalfall noch folgt, ist angeboren.

Vorspiel Wer die Symptome der Rolligkeit noch nie gesehen oder besser erlebt hat, eilt bestürzt zum Tierarzt, um einen eventuellen Anfall von Epilepsie, um Tollwut oder eine Vergiftung auszuschließen. Das hingereckte Hinterteil und der einladend zur Seite gelegte Schwanz lässt allerdings auch einen Anfänger in Sachen Katzenfortpflanzung eine gewisse Ahnung bekommen. Wer seine weibliche Katze nicht kastrieren und nicht decken lässt, hat diese Nimm-Mich-Show alle drei bis vier Wochen. Für einige Tage stürzen die Hormone die Katze in sexuelle Bereitschaft, ein Umstand, der sich zur häuslichen Krise ausweiten kann. Kater lungern vor der Haustür herum, einige von ihnen versuchen, hereinzuschlüpfen, aber wenn es einer geschafft hat, wird er noch lange nicht der Erwählte sein. Denn Katzen haben eigene Vorstellungen vom idealen Mann. Und wenn dort draußen ein paar zur Auswahl sitzen, dann – ja dann wählt sie auch aus. Nach welchen Kriterien ist für uns Menschen nicht immer leicht zu erkennen. Katzen einer Gruppe bevorzugen den Alpha-Kater, den Boss und Stärksten, als Vater für den Nachwuchs. Die kleineren und jüngeren Kater dürfen allerdings ein bisschen üben, zur Einstimmung. Denn erst durch diese Vorspiele wird der Eisprung, genauer: das Springen mehrerer Eier, stimuliert. Dann kommt der Richtige zum Zuge. Es kann so aber auch sein, dass mehrere Kater

Die Hormone spielen verrückt. Sobald die Katze rollig, also paarungsbereit ist, scheint sie vollkommen durchzudrehen.
Sie wälzt sich auf dem Boden, reckt das Hinterteil, reibt sich an Schuhen und Hosenbeinen und miaut laut und kläglich. So mancher Katzenhalter eilt in dieser Situation alarmiert zum Tierarzt.

Zur Sache Schätzchen. Wenn der Deckkater heißen Besuch bekommt, kann es Tage dauern, bis die zwei sich zusammenfinden. Beim verschreckten Weibchen kann die Rolligkeit anfänglich sogar eine Pause machen. Und der Kater muss erst in Stimmung kommen.

Väter eines Wurfs sind. Die meisten Würfe sind zwischen drei und sechs Jungtiere groß, aber es ist unwahrscheinlich, dass jedes Kätzchen einen eigenen Vater hat.

Brautschau Bei unkastrierten frei laufenden Katzen betören die Weibchen potente Kater über viele Gärten hinweg. Kater können wochen-, ja sogar monatelang in Sachen Brautschau von zu Hause wegbleiben. Die Katzen machen's kürzer, sie müssen ja dann die Jungen zur Welt bringen und suchen sich nicht gleich den nächsten Partner. Die Kater dagegen klappern schon einmal während der Saison einige paarungsbereite Damen nacheinander ab. Das erkennt man daran, dass sich die Jungtiere von verschiedenen Katzendamen so auffällig ähnlich sind. Ein unkastriertes Weibchen bringt zwei bis dreimal jährlich Junge zur Welt, ist also fast unentwegt im Mutterschaftsstress.

Umwerbung Kater riskieren einige Schläge, um bei einer Dame landen zu können. Bekommt er sie nach einigem Umwerben und Umschleichen dann endlich am Nackenfell zu packen, beißt er ordentlich hinein, hält sie fest, so dass der Paarungsakt wie eine Vergewaltigung aussieht. Die Schreie, die man dabei hören kann, passen überdies in das Bild eines Gewaltaktes. Kaum, dass ER fertig ist, dreht sich die Katze um und beißt ihn fort. Aufgrund kleiner Widerhäkchen am Katerpenis, ist die Paarung für die Katze nämlich nicht angenehm. Aber von Hormonen nur so überflutet, macht sie trotzdem mit, zumeist mehrfach hintereinander, bis der Kater sich endgültig trollt.

Katzenzucht In der Natur kommt der Kater zur Katze und wird manchmal tagelang angelockt und wieder abgewiesen. In der Katzenzucht hat sich der umgekehrte Weg als besser herausgestellt. Züchter

bringen nämlich die rollige Katze zum Deckkater, denn die Reise und der Erfolgsdruck lässt die Kater deutlich die Lust an der Sache verlieren, zumal die Katze den Kater als Eindringling in die Wohnung ansieht. Kater lassen dagegen eine rollige Katze gutmütig in ihr Zuhause, während diese leicht auf die Wahl aus mehreren Katern verzichtet und den einen akzeptiert.

Kokettierflucht Etwas Geduld muss man auch in dieser Situation schon mitbringen. Denn normalerweise brauchen Kater und Katze einige Tage Zeit und einen großen Garten – Platz fürs Werben und Balzen. Dr. Rolf Spangenberg schreibt übers Liebesspiel der Katzen: „Jedenfalls macht sich der Kater auf, um sie zu erobern. Neulinge gehen geradewegs zur Sache. Erfahrene Liebhaber halten sich zurück. Fliehen der Katze gehört mit zum Spiel. Man spricht von „Kokettierflucht", die zuweilen unerhört komisch wirkt. Wenn die Katze nämlich den Kater versehentlich abgehängt hat, so wird geduldig auf ihn gewartet. Notfalls geht sie auch ein Stück zurück und ihm entgegen. Bei schon etwas rheumatischen Herren nehmen Katzen Rücksicht und fliehen nicht gar so heftig. Bei einem besonders gut trainierten Jungkater flüchten sie dagegen kreischend und scheinbar empört mit vollem Tempo." Somit wissen wir, dass auch die alten Herren noch Chancen bei den Miezen haben. Nach welchen Kriterien die Weibchen wirklich auswählen, bleibt ein Rätsel.

Draußen, in der freien Natur läuft das anders: Dort ist der Kater schon tagelang durch die Sexualdüfte angelockt worden und hat schon bei der ersten Begegnung nichts anderes mehr im Sinn, als sich mit der Katze auf angenehme Weise in die Wolle zu kriegen.

WICHTIG

Geschlechtsreife

Katzen und Kater werden spätestens zwischen 8 und 12 Monaten geschlechtsreif, die Männchen etwas später als die Weibchen. Man sollte beide schon möglichst frühzeitig kastrieren lassen. So vermeidet man das lästige Markieren in der Wohnung und natürlich unerwünschten Nachwuchs.

Katzen sind wunderbare Mütter. Drei Monate lang kümmern sich die Weibchen mit großer Sorgfalt und Hingabe um ihre Kleinen. In den ersten Tagen wagen sie sich kaum aus dem Nest, sie ziehen zur Vorsicht auch mal mit dem Wurf um und tragen jedes Kätzchen ins Lager zurück, sobald es sich verirrt hat.

Mutterschaft

Was viele Katzenhalter nicht wissen: Ihre Mieze hält sie für die Mama und zwar deshalb, weil sie sich in vieler Hinsicht so verhalten. Das wird im nächsten Kapitel noch ausführlicher erklärt. An dieser Stelle soll genügen, dass wir Menschen einer Katze alle wesentlichen Bedürfnisse nach Nahrung, Wärme, Geborgenheit und Gesundheit erfüllen, dass für die Katzen keine Notwendigkeit besteht, erwachsen zu werden und sich um sich selbst zu kümmern. Der Unterschied zwischen uns als Muttterersatz und der echten Mutter ist der: Wir handeln bewusst, die Katze spult mehr oder weniger ein Mutterprogramm ab. Für uns sieht dies sehr liebevoll aus, obwohl man nicht wirklich weiß, ob hier liebevolle Gefühle beteiligt sind, denn nach einem halben Jahr etwa ist's aus mit dem Verhätscheln und die Mutter möchte vom Altnachwuchs nichts mehr wissen, steht doch der nächste Wurf möglicherweise bereits bevor.

Geburt Die Aktionen einer Katzenmutter erfolgen also weitgehend instinktiv. Das beginnt bei der Geburt der Jungtiere, wenn die Katze die Nabelschnüre durchbeißt, die Eihaut wegschleckt und diese samt Nachgeburt auffrisst. Dann leckt sie ausführlich die Kleinen, säubert sie und schubst sie zu den Zitzen. Nach einem Tag etwa zieht die Katzenmutter mit ihren Kindern in ein anderes Nest, um räuberische Kater nicht durch den Geruch von Blut anzulocken. Sie will auch dann ein anderes Lager beziehen, wenn nichts den Wurf bedroht. In den ersten acht Tagen sind die Kätzchen blind und total auf die Mutter angewiesen. Sie bleibt in diesen ersten Tagen fast die ganze Zeit beim Nest, hält die Kleinen beim Schlafen warm und lässt sie trinken. Sie leckt sie, massiert mit der Zunge das Bäuchlein, um die Verdauung anzuregen und sie schleckt ihnen den Po sauber. Wenn eines aus dem Nest gepurzelt ist und nicht zurückfindet, dann ist Mamakatze sofort zur Stelle, sobald sie den kleinen Hilferuf des verlorenen Sohns oder des Töchterchens hört. Solange die Kätzchen so hilflos sind, wird die Mutter sie mit Zähnen, Krallen und wahrem Löwenmut sogar gegen wirklich gefährliche Angreifer verteidigen – ein Instinkt, der merklich nachlässt, wenn die Kids selbst davonlaufen können.

Erwachsen werden Das ist dann die Phase, in der sich die Katzenmutter geduldig ihre Streiche gefallen lässt, und sie sogar zu Jagdspielen animiert. Sie bringt Übungsmäuse und bereitet sie systematisch auf ein eigenständiges Leben vor. Sie wird zunehmend aggressiver gegen die Jungen und duldet nach einem Jahr manchmal nur noch die Töchter neben sich, zum Zwecke gemeinsamer Jungenaufzucht.

Weibliche Solidarität Dies ist ein Phänomen unter den Katzen: Obwohl sie als Einzelgänger keine sozialen Bindungen brauchen, nutzen sie weibliche Solidarität, um den Nachwuchs großzuziehen. Eine direkte Verwandtschaft ist dafür jedoch nicht unbedingt nötig, wie Studien von David Macdonald und anderen britischen Forschern ergaben. Ihnen zufolge ist das Baby-Sharing ein durchaus übliches Verhalten auf Bauernhöfen: „In allen drei Kolonien konnten wir gemeinsame Nester und Fremdmutterverhalten beobachten (inkl. Säugen und Nahrung bringen)“, stellten sie fest. Weibliche Tiere helfen sich dabei, wo und wie sie können und adoptieren sogar gelegentlich die Kätzchen anderer Mütter. Die Kater sind an der Jungenaufzucht nicht beteiligt, allenfalls dadurch, dass sie das Nest vor fremden Katern beschützen. Die Forscher schildern einen Fall, in dem der Boss des Hofes nicht aufmerksam genug war, ein fremder Kater bis ans gemeinsame Nest vordrang und dort ein übles Gemetzel anrichtete, obwohl sich die Mütter wehrten.

Drei Monate im Paradies. Es ist wunderbar anzusehen, wie eine Katzenmutter ihre Kleinen umhegt und pflegt, ihre Frechheiten toleriert und sie mit sanfter Pfote erzieht. Dann allerdings beginnt die Vertreibung aus dem Paradies, das für einen halbjährigen Wurf endgültig die Pforten schließt, sofern die Kätzchen nicht mit zwölf Wochen schon in neue Hände kommen.

Wie Aufzuchtbedingungen

Katzen prägen

Selbst wenn man Katzen klonen würde, also Jungtiere mit identischen Erbanlagen heranwachsen ließe, wäre dennoch jedes Kätzchen unterschiedlich. Denn die Erfahrungen, das Lebensumfeld und die Erziehung formen auch bei ihnen Persönlichkeiten mit eigenem Charakter.

So nähern sich Forscher der Katze

Vordergründig spielt sich im Leben von neugeborenen Kätzchen nicht viel ab: Lange schlafen, trinken an der Mutterbrust, etwas herumkrabbeln. Das sieht nicht nach dem großen Erleben und Lernen aus. Und doch läuft im Hintergrund gerade Entscheidendes ab. Wie bei einem Computer, der nach dem Einschalten hochfährt, Programme startet, Fenster öffnet und wieder schließt, „rattert" es im Katzenhirn und ebenso öffnen sich hier „Fenster", die als eine Chance für bestimmte Eingaben anzusehen sind. Diese Fenster schließen sich automatisch nach einer vorgegebenen Zeit von selbst und was in dieser Spanne nicht einprogrammiert wurde, ist für immer versäumt oder teilweise später nur noch schwer nachzulernen.

Die wichtigste Periode im Kätzchenleben Im Bemühen, solche Fenster zu erkunden, machten europäische und amerikanische Katzenforscher in den 80er Jahren interessante Entdeckungen, die sich als äußerst nützlich für eine positive Mensch-Katzen-Beziehung erwiesen haben. Sie identifizierten die ersten Lebenswochen nach der Geburt, genauer die 3. bis 8. Lebenswoche, als die wichtigste Periode im Kätzchenleben: In dieser Zeit finden die Prägungen statt,

Einfach und logisch: Eine ruhige, sorgenfreie Kindheit an der Seite von lieben Menschen macht Kätzchen ausgeglichen, stark und selbstbewusst. Jungtiere von halb verwilderten Müttern sind dagegen zeitlebens scheue, ängstliche und leicht schreckhafte Tiere, die nur schwer Vertrauen zum Menschen fassen.

die das spätere Verhalten der Katze entscheidend beeinflussen, unabhängig davon, ob es sich von der Persönlichkeit her eher um ein scheues oder prinzipiell zutrauliches Tier handelt.

Artfremde Prägung Erste Forschungen dieser Art unternahm schon in den 20er und 30er Jahren der chinesische Biologe Zing Yang Kuo, der Tierkinder verschiedener Arten miteinander aufwachsen ließ und artfremde Prägungen beobachten konnte. Bekannt ist ja auch die Geschichte von Konrad Lorenz und seinem Gänsekind Martina, das vollkommen auf ihn als „Mama“ geprägt war und ihm überall hin folgte. Dumm, aber Gänse, das weiß man ja, stehen nicht im Ruf, eine herausragende Intelligenz zu besitzen. Katzen, mit ihrer von Millionen von Menschen bescheinigten Klugheit würden doch nicht einen bärtigen alten Mann auf zwei Beinen mit ihrer Katzenmama verwechseln. Oder doch? Eher ja als nein. Aber keiner weiß es genau.

Nesthocker Denn Katzen sind Nesthocker und können sich einige Tage an ihre Mama, ihren Geruch, ihre Wärme, ihre Stimme gewöhnen, bevor ihnen die Augen aufgehen und sie erkennen, wie Mama aussieht. Gänse sind Nestflüchter und müssen sich nach dem Schlüp-

fen auf der Stelle entscheiden, wem sie hinterherrennen. Dies ist bei ihnen ein solches Fenster, das sich genau zu diesem Zeitpunkt öffnet und gleich wieder schließt. Bei Katzen gibt es genau dieses Fenster nicht, aber auch bei ihnen läuft Vergleichbares ab, wie verschiedene Forschungen belegen.

Die Schwierigkeit beim Forschen Bei solchen Untersuchungen, in welcher Weise die Aufzuchtbedingungen ein Kätzchen prägen, gibt es jedoch ein allgemeines Problem: Sobald der Mensch bei solchen Untersuchungen beteiligt ist, beeinflusst er das Ergebnis automatisch durch sein Erscheinen in irgendeiner Weise. Nehmen wir als Beispiel die Frage, ob Streicheln Katzen menschenfreundlicher macht. Dazu holen sich die Forscher zwei Würfe und streicheln die eine Gruppe Katzen in einem bestimmten Maße, die andere wird nur gefüttert. Dennoch erleben auch die wenig gestreichelten Kätzchen den Menschen prinzipiell freundlich und nicht – wie im richtigen Leben – schon mal als ausgesprochen garstig. In der Praxis existieren wenig-gestreichelte Katzenwürfe in ganz unterschiedlichen Lebensbedingungen mit freundlichen und unfreundlichen Menschen, z.B. auf solchen Bauernhöfen, wo die Kinder sich um die Katzen kümmern, der Bauer sie jedoch ignoriert oder sie gar tötet, wenn er sie zu fassen kriegt. Im wissenschaftlichen Versuch werden solche Umstände natürlich nicht nachgebildet.

Faktor Mensch Will man also den Unterschied zwischen natürlicher Aufzucht und solcher in Menschenhand erforschen, dürfte in streng wissenschaftlichen Versuchen der Mensch gerade während dieser sensiblen Phase der Jungtierentwicklung für die Kontrollgruppe nicht in Erscheinung treten. Denn alles, was der Forscher tut, wirkt auf das Kätzchen ein. So haben die Wissenschaftler zum Teil sehr aus-

gefeilte Methoden entwickelt. Andere berücksichtigen diese Probleme in der Darlegung ihrer Ergebnisse, denn die Laborsituation kann nie die Wirklichkeit genau simulieren.

Schmusekatzen Ferner ist es auch für solche Streichel-Experimente von Bedeutung , ob die Mutterkatze dabei anwesend ist. Viel gestreichelte Kätzchen werden nämlich nur dann unkomplizierte Schmusekatzen, wenn sie sich bei ihrer Mutter geborgen fühlen. Wird ein Wurf von der Mutter getrennt, erleben sie Gefühle von Angst und Unsicherheit, auch wenn der Mensch sich mit ihnen viel beschäftigt. Und auch solche Gefühle prägen sich ein.
Aber Katzen, das weiß man ja, haben auch ihren eigenen Kopf und schlagen sogar ihrer eigenen sensiblen Phase ein Schnippchen: manche „hoffnungslosen Fälle“ lernen sogar noch viel später, einen Menschen zu lieben. Man sollte nur nicht darauf wetten.

WICHTIG

Schmusekatzen

Katzen, die uns Menschen während ihrer ersten Lebenswochen nicht als freundlich erfahren haben, bekommen später kaum noch liebevollen Kontakt zu uns und werden eher keine Schmusekatzen. Und umgekehrt: Viel gestreichelte Jungtiere bleiben zeitlebens verschmust, es sei denn, jemand misshandelt sie und sie lernen später, Menschen zu meiden.

Katzen lieben größere Kinder. Solche ab etwa dem Kindergartenalter sind verständig genug, nicht mit den Fingern in die Augen zu pieksen oder am Schwanz zu ziehen. Unter ihnen findet sich immer eines, das Lust hat zu spielen oder gerne eine Leckerei mit der Mieze teilt.

Katzen lernen, uns Menschen zu lieben

Die Jungtiere einer zutraulichen Mutterkatze werden in der Regel menschenfreundlich, wenn sich die Familie, in der sie aufwachsen, mit ihnen beschäftigt, was sogar auf Bauernhöfen heute normal ist. Leider gibt es noch immer Menschen, vor allem auf dem Land, für die Katzen nur „Drecksviecher" sind. Diese machen dann so schlechte Erfahrungen mit dem Menschen, dass sie ihre Jungen verstecken, solange es möglich ist. Das gelingt, bis die Kätzchen fünf, maximal sechs Wochen alt sind. Dann springen sie munter herum, sind zwar scheu, aber doch relativ leicht zu fangen. Das nutzt der Bauer aus und dann müssen die Jungen Glück haben, wenn sie in liebevolle Hände verschenkt werden oder werden können.

Wildlinge Es spricht sich schnell herum, dass sich solche Wildlinge nicht automatisch zu Schmusern entwickeln. Prinzipiell ist es nicht ratsam, ein Kätzchen so jung aufzunehmen, denn es braucht noch mindestens zwei bis drei Wochen seine Mutter. Bei Wildlingen hat der neue Halter jedoch noch die Chance, etwas Prägezeit zu erhalten, das heißt, dem Tier positive Erfahrungen mit dem Menschen während der sensiblen Phase zu vermitteln.

Sozial wird, wer sozial aufwächst. Dürfen Wurfgeschwister zusammenbleiben und gemeinsam in ein neues Zuhause wechseln, bleiben sie in der Regel zeitlebens ein friedliches Paar. Trennt man sie für einige Wochen oder sogar Monate, dann kennen sie sich nicht mehr und müssen sich erst wieder zusammenraufen.

Früh entwöhnte Kätzchen Diese Möglichkeit, das Tier noch mit dem Menschen zu sozialisieren, bezahlt man meistens mit einigen Verhaltensstörungen, die das Kätzchen entwickelt. Zum Beispiel nuckelt es an Haut, Wolle, Leder oder anderen Materialien, weil es zu früh von der Mutterbrust entwöhnt wurde. Oder es gewöhnt sich nur an eine Person der Familie und bleibt bei den anderen scheu. Es kann auch sein, dass es eine Spielaggressivität entwickelt, weil es von der eigenen Mutter nicht genügend „Schläge" wegen ungebührlichen Benehmens bekam. Manche dieser früh entwöhnten Kätzchen werden auch extrem anhänglich an ihren Halter und können nicht allein gelassen werden. Experten raten, so kleine Kätzchen, die häufig leider auch krank aufgenommen werden, möglichst direkt in die Familie und ihre

WICHTIG

Abgabealter

Wenn keine Notsituation vorliegt, ist es auf jeden Fall besser, die jungen Kätzchen noch eine Zeitlang bei der Mutter zu lassen, damit sie die wichtigen Spielregeln zwischen Katzen und mit uns Menschen lernen können. Züchter geben aus diesem Grund ihre Jungtiere erst ab, wenn diese zwölf Wochen alt sind.

Tiere zu integrieren. Viele machen den Fehler und isolieren das Tier zum vermeintlichen Schutz vor den anderen gerade in diesen sensiblen Wochen – und die Katze wird scheu bleiben.

Resozialisation Verwilderte Jungkätzchen, die gar keine Erfahrungen mit Menschen machen konnten oder sogar nur negative, lernen nur noch schwer, sich dem Menschen anzuschließen. Wenn schon die Katzenmutter scheu und ängstlich ist, lernen die Kätzchen von ihr den Menschen zu meiden. Wenn jedoch ein menschenfreundlicher Vater beteiligt ist, dann ist noch nicht alles verloren. „Katzen, mit denen man sich während der sensiblen Phase der Sozialisierung nicht beschäftigt hat, können u.U. später noch sozialisiert werden. Dies ist aber eine schwierige Aufgabe, die viel Zeit und Geduld verlangt“, schreiben Eileen Karsh und Dennis C. Turner, die die Mensch-Katze-Beziehung beide ausführlich erforschten. Von ihnen stammen auch viele Hinweise darauf, was ferner einem positiven Verhältnis zur Katze förderlich ist. Dazu gehören neben der frühen Beschäftigung mit dem Kätzchen auch die Fütterung, die Anwesenheit der Katzenmutter, die Individualität der Katze sowie einige Erbfaktoren.

Wir „basteln“ uns eine Schmusekatze

Die größten Chancen, eine wirklich menschenbezogene Schmusekatze zu bekommen, bietet folgende Konstellation: Die Mutter sollte eine verschmuste und sehr zutrauliche Katze sein. Diese lässt man von einem sehr menschenfreundlichen Kater decken. Denn nach Studien von Dr. Dennis C. Turner aus der Schweiz beeinflusst ein vom Vater vererbtes Gen die Menschenfreundlichkeit. Die Jungtiere sollten dann in der Familie aufwachsen und von wenigstens zwei Personen liebevoll umsorgt werden. Denn nach amerikanischen Studien, insbesondere von R. R. Collard und Eileen Karsh, sind viel gestreichelte Katzenwelpen später freundlicher, furchtloser, verspielter, schnurrfreudiger und liebevoller als andere Kätzchen. Solche Jungtiere, die während ihrer sensiblen Phase nur einen einzigen Menschen kennen lernen durften, wurden später ängstlicher als solche, die gleich von fünf Leuten umhegt wurden. Ideal ist eine nicht zu langweilige, aber auch nicht zu hektische Kätzchenjugend. Nach zwölf Wochen ist die neue Schmusekatze fertig und kann von der Katzenmutter getrennt und in ein neues Zuhause gegeben werden.

Freundschaft kommt von freundlich sein

Wenn Sie eine Katze haben, überlegen Sie kurz: Wann kam sie zum letzten Mal auf Ihren Schoß? Wann haben Sie sie zuletzt gestreichelt? Wollte die Katze Zärtlichkeit oder waren Sie das?

Liebesbezeugungen Zärtlichkeiten sind unbestritten die schönste Form von Kommunikation: sinnlich und mit allen Sinnen. Wie schön, dass Katzen sie so gut beherrschen. Es ist nur sehr erstaunlich, dass sie ausgerechnet uns Menschen als Empfänger für ihre Zuneigung ausgesucht haben. Mehr noch: Sie schenken uns Zärtlichkeit, die weit über das hinausgeht, was sie für ihresgleichen gewöhnlich übrig haben. Die meisten Katzen ziehen einen Menschen ihren Artgenossen vor, selbst wenn sie als sehr gesellige Tiere miteinander leben. Sogar handaufgezogene Wildkatzen entwickeln unter bestimmten Umständen eine enge Bindung an den Menschen, wie Paul Leyhausen erfahren konnte. Und auch er spekulierte darüber, was diese Tiere dazu veranlasst, das ganze uns so menschlich anmutende Repertoire von Liebesbezeugungen, sich ankuscheln, sich reiben, schnurren, abzuspulen.

Außer Konkurrenz Paul Leyhausen kam zu dem Schluss, dass die Katzen uns Menschen zwar als ihnen ähnlich sehen, aber doch verschieden genug sind, um nicht in Konkurrenz mit uns treten zu müssen. Anders ausgedrückt: Wir machen ihnen ihr Revier nicht streitig, wir schlagen uns nicht um die heißesten Katzenweibchen, wir markieren nicht in unerlaubter Weise ihre Gartenpfosten, wir fangen nicht „ihre" Mäuse – wir sind einfach ganz anders. Anders jedoch in einer sehr angenehmen Art: Wie die ewige Mutter, die beschützt, füttert, hegt und pflegt. Da mag es sich für die Katzen als beste Strategie im

Zeit für Zärtlichkeiten. Wer nur wenig mit seiner Katze schmust, bekommt auch nur wenig von ihr zurück. Manche Katzenrassen sind allerdings durch nichts am Schmusen zu hindern. Siam und andere Orientalen überfallen ihre Menschen geradezu, wenn sie Lust auf Zärtlichkeiten haben.

Umgang mit uns Menschen erwiesen haben, im Jugendlichen-Verhalten zu verweilen. Vermutlich hat dieses die größte Belohnung durch uns Menschen zur Folge gehabt.

Frühzeitiger Umgang mit Menschen Wie kommt das Kätzchen nun auf diesen Trick? Er kann kaum in der Erbmasse irgendwie verankert sein. Lernt also jede Katze diese Strategie erneut im Umgang mit uns aus eigener Erfahrung? Oder kann sie es von ihren Artgenossen beobachten und für sich nutzbringend einsetzen? Die Antwort liegt irgendwo dazwischen. Eines ist ganz klar: Ohne frühzeitigen freundlichen Umgang mit einem Menschen sind Katzen scheu und uns alles andere als schmusig zugetan. Die schon als Kätzchen liebevoll umsorgten Tiere sind nur selten von ihren Artgenossen isoliert und können beobachten, welches Schmuserepertoire die Katzenmutter, die Geschwister und andere Miezen im Haushalt mit dem Menschen abspulen.

Lernen durch Beobachtung Wie gut Katzen allein durch Beobachtung lernen, ist in einigen Laborversuchen nachgewiesen worden. So ist es nur logisch, davon auszugehen, dass auch die Katzen durch das Beobachten von uns Menschen lernen. Und sie nehmen kleinste Schwingungen unserer Launen auf. Wir neigen nur selbst dazu, unser eigenes Verhalten nicht bewusst wahrzunehmen. Während wir uns noch wundern, dass die Katze uns fortwährend bei der Arbeit am Computer stört, und wir sie deshalb immer wieder ausschimpfen, hat sie längst begriffen, dass wir ihr in Wirklichkeit dankbar dafür sind, dass sie uns für ein paar Minuten von der Arbeit erlöst. Oder sie balanciert auf dem Rand der Toilettenschüssel und pinkelt mehr oder weniger gezielt hinein. Wir schimpfen – aber sie hört das versteckte Lob, die Bewunderung über das Kunststück heraus.

Kleine Liebe wird groß. Wenn Katzen mit Kindern aufwachsen, sind sie kleinen Menschen gegenüber erstaunlich tolerant. Umgekehrt lernen Kinder an Katzen, dass ein heiß begehrter Spiel- und Streichelpartner nur dann da bleibt, wenn man ihn anständig behandelt.

Der Zufall als Lehrmeister. Manchmal genügt eine kurze Situation, ein erschreckendes Ereignis oder eine Beobachtung, die die Katze machen konnte, und schon hat sie etwas gelernt, das ihr künftiges Verhalten beeinflussen wird.

Individuelle Beziehung So nutzen die Katzen sämtliche ihrer kommunikativen Möglichkeiten, um mit uns in Kontakt zu treten, genau wie wir Menschen die unseren nutzen, um den Katzen unsere Meinung zu sagen, um sie zu loben, zu strafen, um ihnen unsere Liebe zu zeigen, um sie aufzumuntern, wenn sie krank sind, um sie vor dem bösen Hundefeind zu schützen, um sie beim Tierarzt zu beruhigen und vieles mehr. Das Ergebnis unserer gegenseitigen Bemühungen ist millionenfach einzigartig und faszinierend: Jede Katze entwickelt mit jedem Menschen in ihrer Umgebung eine individuelle Beziehung, die geprägt ist von persönlichem Temperament, von äußeren Umständen und Lebenserfahrung.

Kontaktsuche An der Universität Zürich brachte das Forscherteam um Dennis C. Turner Katzen einmal in einem Laborversuch mit unbekannten Menschen zusammen. Es dauerte im Schnitt 14 Sekunden, bis die Menschen Kontakt zum Tier suchten. Als die Probanden gebeten wurden, keinen Kontakt aufzunehmen, dauerte es fünf Minuten, bis die Katzen von sich aus Kontak aufnahmen, wobei die Individualität des Tieres (mehr dazu auf S. 229) dafür verantwortlich war, wie schnell und intensiv dieser Kontakt

geknüpft wurde. Sobald die Menschen dann reagierten, brach das Eis sofort. Diese Versuche zeigen, dass im Wesentlichen der Mensch den Kontakt zur Katze sucht, aber auch die Katze als neugieriges, auf den Menschen geprägtes Wesen.

Angst- und Aggressionslosigkeit Grundvoraussetzung für jede positive Beziehung ist Angst- und Aggressionslosigkeit. In die Kommunikation mit Katzen schleichen sich jedoch so manche Fehler und Missverständnisse ein, die die Harmonie empfindlich stören können. Was Katzen an unserem Verhalten missdeuten, können wir nicht immer erkennen. Manches wird deutlich, wenn wir sehen, wie Katzen miteinander umgehen.

Beispiel „unbeabsichtigte Bedrohung“: Katzen starren sich nur

dann unverwandt länger an, wenn sie einen Machtkampf austragen. Friedliebende Tiere gucken respektvoll zur Seite, wenn sie vermeiden wollen, dass sich ihr Gegenüber unbehaglich fühlt.
Wenn Sie Ihre Katze regelrecht anglotzen, womöglich noch mit vorgebeugtem Oberkörper, muss es Sie nicht wundern, wenn die Katze Reißaus nimmt und sich vor Ihnen ängstigt.

- **Beispiel „unerkannte Unmutszeichen“:** Wenn Katzen ihre Ruhe wollen, werden ihre Augenschlitze schmal, zucken sie mit dem Fell, legen sie die Ohren zurück und bewegen sie die Schwanzspitze. Andere Katzen wissen genau, was das bedeutet, und ziehen sich zurück oder suchen gezielt eine kleine Beiß- und Kratzerei. Wenn alle diese Anzeichen zu sehen sind, geht es jeden Moment zur Sache. Wer seine Katze streichelt und diese Zeichen nicht erkennt, wird gebissen und gekratzt.

- **Beispiel „nächtliche Unruhe“:** Katzen sind dämmerungsaktive Tiere. Wenn sie also morgens um 5 Uhr Lust auf Frühstück und Spielstunde haben, ist das ganz normal. Sie merken allerdings schnell, dass wir Menschen ihre Lust nicht teilen und dösen in der Regel dann noch ein paar Stunden weiter – es sei denn, sie finden jemand, der sie füttert und/oder mit ihnen spielt und schmust. Ob der Halter dabei fröhlich oder stocksauer ist, kann der Katze egal sein, denn ihr Ziel hat sie ja erreicht. Und nun fordert sie Nacht für Nacht dasselbe und erreicht es auch: während der Halter meint, er stelle die Mieze ruhig, indem er sie füttert, schafft er genau das Gegenteil.

WICHTIG

Manchmal bringen wir Menschen unseren Katzen unbeabsichtigt Verhaltensweisen bei, die uns dann später zum Wahnsinn treiben. Auch dies sind kommunikative Störungen, die der Halter nicht erkannt hat.

Pass bloß auf! Wenn Katzen sich anstarren, zeigen sie, dass sie sauer aufeinander sind und jeden Moment zum Schlagabtausch übergehen. In den meisten Fällen kommt es jedoch gar nicht so weit und einer der beiden guckt weg, um die Situation zu entschärfen.

INFO

So verbessern Sie Ihre Beziehung zur Katze
Es lohnt sich durchaus, die Beziehung zur eigenen Katze einmal zu überprüfen und vielleicht gezielt zu verbessern: Fragen Sie sich, wer von Ihnen öfter zum Schmusen kommt? Was will die Katze, wann, wie oft, warum? Was möchten Sie eigentlich selbst am liebsten von Ihrer Katze oder mit Ihrer Katze? Reden Sie mit ihr? Oder läuft der Umgang stumm? Was könnte man einmal verändern? Möglichkeiten gibt es viele: Katzen mögen es, wenn wir mit ihnen sprechen. Sie „sprechen“ dann selbst mehr.
Spielen Sie gelegentlich auch mit älteren Katzen. Streicheln Sie sie mehr, z.B., wenn Sie Ihrer Katze den Napf hinstellen. Manchmal wirken diese kleinen Aufmerksamkeiten Wunder: Plötzlich wird aus einer gleichgültigen Katze ein zugewandtes und interessiertes Tier.

Früherfahrungen – Die wichtigen ersten Lebenswochen

In den ersten Lebenswochen einer Katze werden sehr viele ihrer späteren Verhaltensweisen festgelegt. Manches im Verhalten eines Jungkätzchens dient jedoch nur vorübergehend und wird später (normalerweise) wieder gelöscht, wenn die Katze es nicht mehr braucht. Dazu gehören z.B. das Saugen an der Zitze, das Treteln an der Mutterbrust oder das aufmüpfige Teenagerverhalten gegenüber der Mutter.

Fehlprägungen Junge Katzen wissen sehr genau, wer eine Katze ist und wer nicht. Bei Versuchen des chinesischen Forschers Zing Yang Kuo zogen die Katzen ihre Artgenossen allen anderen Tieren deutlich vor, freundeten sich jedoch auch mit Ratten, Kaninchen und Hundewelpen an, wenn sich kein anderes Lebewesen fand. In den ersten Lebenswochen ist das Kätzchen deutlich auf „Mama“ und „Geschwister“ als wichtigste Personen im Leben geprägt und nimmt als Bezugsperson, was es bekommt, selbst wenn es ein Hamster sein sollte. Später werden solche Ex-Mamas und Ex-Geschwister nicht als Beute oder Bedrohung wahrgenommen, denn es gab keine Katzenmutter, die einem fehlgeprägten Kätzchen gezeigt hätte, dass es sich bei dieser „Verwandtschaft“ um fressbare Zeitgenossen handelt. Man kennt Katzen, die zeitlebens Mäuse, Hamster und Stubenvögel lieben.

Jagdinstinkt Es ist jedoch nicht ratsam, sich auf die Freundlichkeit der Katze zu verlassen, insbesondere, wenn das kleine Tier vor der Katze wegläuft. Eine solche Situation ist als Schlüsselreiz für den

Jagdinstinkt sehr gefährlich. Plötzlich wird der Jagdtrieb dann doch aktiviert. Das heißt also: Die Fehlprägungen bleiben zwar auch bei der erwachsenen Katze erhalten. Wenn sich aber ein geliebtes Beutetier plötzlich wie ein solches verhält, übernehmen unter Umständen die Instinkte die Führung.

Erfahrungen Die Prägung verschwindet auch dann wie durch einen Spuk, wenn eine Katze eine einschneidende gegenteilige Erfahrung zu ihrem bisherigen Erleben macht. Wird z.B. ein Katzenkind von einer Hundemama aufgezogen, ist sein Verhalten prinzipiell hundefreundlich. Kommt ein Katzen-unerfahrener Hund ins Haus, lernt das Kätzchen sehr schnell, dass ein Hund nicht immer automatisch „Hallo du Süße“ sagt, wenn er angerannt kommt. Da kann die Doggy-Liebe einer Katze einen empfindlichen Dämpfer bekommen.

***No risk, no fun.* Kätzchen ab etwa sechs Wochen sind kaum zu bremsen. Sie wollen die Welt entdecken und stürzen sich in jedes Abenteuer, das sich vor ihnen auftut. Dass man sie aus mancher Gefahr retten muss, ist die Kehrseite des schönen Spiels.**

WICHTIG

Frühe Erfahrungen
Früherfahrungen prägen eine Reihe von Gewohnheiten und Vorlieben, die die Halter zumeist nur als „Schrullen“ wahrnehmen, da ihnen der Ursprung unbekannt ist. Denn in der Regel übernehmen wir ja ein fertig vorgeprägtes Kätzchen, das wir dann mit Erziehung nach unseren Wünschen so weit hinbiegen, wie es ein angenehmes Zusammenleben erfordert.

Sensible Phase Über die Prägungen in der sensiblen Phase zuvor wissen wir manchmal gar nichts. Wenn die Mieze nur Fisch oder nur eine besondere Sorte von Futter mag, wenn sie heiß auf Käse ist, oder wenn sie nur Sand als Streu im Katzenklo akzeptiert, sind das vermutlich solche Prägungen. Leider entstehen auch manche Unarten oder Eigenheiten während der sensiblen Phase, z.B. gehört dazu auch panische Angst vor irgendwelchen Maschinen oder Gegenständen. Wann immer eine Katze ihren Halter mit einer nicht beeinflussbaren sonderbaren Eigenart „ärgert“, liegt der Verdacht nahe, dass sie in der Prägephase ein einschneidendes Erlebnis gehabt hat.

Erziehung durch die Mutter Die sensible Phase eines Kätzchens wird vom Ausreifen der Sinne und der Motorik begleitet: In den ersten acht Wochen entwickelt sich das neugeborene Würmchen, das weder sehen noch laufen kann, zu einem kleinen Irrwisch, der vor nichts Halt macht, Vorhänge hochklettert, nach seinem Schwanz hascht, die Mutter mit Spielattacken ärgert, der selbstständig fressen und die Katzentoilette benutzen kann.
Was die Jungmieze noch nicht gelernt hat, ist Beute zu fangen und zu töten und sich artig und artgerecht zu benehmen. Das heißt, die Erziehung durch die Katzenmutter schließt sich jetzt an und davon profitieren wir Menschen durchaus: Die Kätzchen, die länger als Wurf zusammenbleiben, sind bes-

ser mit ihren Artgenossen vertraut und somit auch sozialer. Sie können leichter in ein Zuhause mit einer bereits vorhandenen Katze gegeben werden, als Kätzchen, die früh von anderen isoliert wurden.

Späterfahrungen – Rangfolge und Erwachsenwerden

Nach der sensiblen Phase beginnt das Lernen durch Erfahrung erst richtig. Jetzt genügt es nicht mehr, den Staubsauger ein einziges Mal einzuschalten, um die Kleinmieze dauerhaft zu verschrecken. Nun lernt die Katze langsamer. Es bedarf wiederholter Reize, um etwas einzuprägen. Das Lernen geschieht durch Strafe, Belohnung und durch Beobachtung. Die Katzenmutter beginnt, die Kleinen für allzu übermütige Angriffe abzustrafen, und auch der Mensch sollte nicht alles dulden, etwa wenn Kätzchen in die Hand beißen, Blumen anknabbern, Tapeten zerkratzen, Möbelstoffe zerfetzen oder auf den Tischen herumlaufen. Diese Zeit zwischen einem Viertel- und einem Jahr ist besonders geeignet, um dem Jungtier Manieren beizubringen. Dieses Fenster der Erziehung schließt sich zwar nicht vollkommen, doch es wird später schwieriger, Katzen solche Unarten abzugewöhnen, zumal hier auch der Faktor Gewöhnung („Das haben wir doch immer so gemacht") für die Katzen dazukommt.

Erwachsenenprägung Starke Prägungen, oder eher Einprägungen, gibt es allerdings auch im späteren Leben einer Katze, etwa in Extremsituationen, die mit großem Stress oder emotionalem Druck verbunden sind. So wie wir Menschen uns leichter an Situationen erinnern, die mit starken negativen oder positiven Gefühlen verbunden sind, prägen sich auch Katzen entsprechende Situationen bzw. Emotionen ein. Solche Fälle von Erwachsenenprägung beschreibt der britische Katzenforscher Patrick Bateson. Diese Beobachtung machen auch häufig so genannte „Katzenmütter", also Frauen, die verwaiste, kranke Katzen aufnehmen. Die Rettung aus der Not ist für manche Wildlinge ein so einschneidend positives Erlebnis, dass sie die Scheu vergessen und sogar stark auf ihre Wohltäterin geprägt werden.

Die Wurfgeschwister: Raufen und Zusammenraufen Chancengleichheit ist eine Erfindung von uns Menschen. Im Tierreich gibt es sie nicht, auch nicht im Wurf neu-

***Schluss mit lustig.* Die Katzenmutter weiß genau, wann es Zeit für ein Nickerchen ist. Kleine Kätzchen müssen noch sehr viel schlafen. Die Zeit, die zum Spielen und Lernen bleibt, ist dagegen kurz, insgesamt nur vier bis sechs Stunden, und wird intensiv genutzt.**

***Der Boss bin ich.* Schon an der Mutterbrust zeigt sich, wer Chef und wer Untergebener ist. Dominante Kätzchen sichern sich die ergiebigste Zitze und sie siegen beim spielerischen Gerangel. Wer einem Wurf genau zusieht, kann schon bei den achtwöchigen Jungtieren erkennen, wer hier das Sagen hat.**

geborener Kätzchen. Schon hier beginnt das Gerangel um die besten Plätze, und das Kätzchen, das die beste Zitze – in der Regel eine der hinteren Zitzen – für sich reserviert, ist später zumeist auch das kräftigste, wie die Forscher Jay Rosenblatt, Paul Leyhausen u. a. feststellten. Die Verteilung an den Zitzen wird schon am Tag der Geburt festgelegt, und wer „fremdnuckelt" wird herumgeschubst, wenn er Pech hat. Dass es so etwas wie Zitzenpräferenz gibt, zeigt den Neugeborenen schon sehr früh, dass nur der zu etwas kommt, der sich hartnäckig durchzusetzen weiß. Innerhalb der Geschwister entwickelt sich schon in den ersten Lebenstagen eine fest gefügte Rangfolge, die sich nur durch unvorhergesehene Ereignisse wie Krankheit noch ändern kann. Diese Rangordnung fällt kaum auf, „weil sie sich so gut einspielt, dass die Tiere scheinbar reibungslos und gleichberechtigt nebeneinander leben", schreibt Paul Leyhausen.

Zitzenpräferenz Rund 80 Prozent von neugeborenen Hauskatzen und 85 Prozent der wilden Stammform der Hauskatze halten an einer Zitze fest und vertreiben ihre Geschwister von dort. Interessant ist in diesem Zusammenhang, dass sich diese Zitzenpräferenz bei Edelkatzen verliert: Nur 16 Prozent der Jungtiere von Perser und Siam kennen sie, wie der österreichische Katzenpsychiater Ferdinand Brunner erwähnt. Seine Erklärung: „Für die schon im Kindesalter wesentlich aggressiveren wilden Verwandten ist sie zweifellos von biologischer Notwendigkeit: Da heftige Zitzenkämpfe bei strenger Zitzenkonstanz nicht neuerlich auftreten, sondern aufhören, sobald Ort und Reihenfolge des Saugens einmal festgelegt sind, wird gegenseitige Beschädigung der Kleinen untereinander dadurch weitgehend minimiert. Da bei den domestizierten Katzen die Aggressivität wesentlich verringert ist, spielt deren Nachlassen der Zitzenpräferenz keine Rolle (als etwaiger nativer Naturauslesefaktor)."

Futterpräferenz Genau die gleichen Verhaltensweisen zeigen die Kätzchen auch beim Futter: Sie schlagen sich um die besten Näpfe, und irgendwie scheint das von der Mutterkatze erfahren oder ererbt zu sein. Denn auch hier zeigt sich: Rassekätzchen sind zuversichtlich, dass für alle genug da ist und es unnötig ist, sich um Futter zu streiten. Dr. Brunner: „Unter Perserkatzen ist am Futter häufig keinerlei Aggression mehr zu beobachten."
In diesem Zusammenhang ist es interessant zu erwähnen, dass das Hunger- und Aggressionszentrum im Gehirn nahe beieinander liegen. Das kennen wir Menschen auch an uns selbst. Wir werden ebenfalls mürrisch, wenn wir Hunger haben. So geht es den Katzen ebenso, was man an unterernährten Katzenkindern sehr gut beobachten kann. Schlechte Ernährung kann eine „verheerende Wirkung" haben, schreibt Bruce Fogle. Bei einer Studie konnte man sehen, dass unterernährte Männchen aggressiver als die Kontrolltiere waren und die Weibchen nicht so viel herumliefen. Außerdem schnitten diese Jungtiere bei allen Verhaltenstests schlechter ab. Fürs Überleben sind

Abwechslung ist der beste Koch. Je vielseitiger das Futterangebot für einen Wurf Kätzchen ist, desto unkomplizierter kann man sie später ernähren. Und das ist wichtig. Denn wenn eine Mieze nur eine einzige Futtersorte mag, gibt es Probleme, wenn sie einmal Diät fressen muss oder das gewohnte Futter nicht zu bekommen ist.

INFO

Geschwisterliebe
Die Kätzchen entwickeln während ihrer gemeinsamen Wochen im Nest auch alle bedeutenden sozialen Katzenfähigkeiten, und das trotz ihrer so oft hoch gehaltenen einzelgängerischen Veranlagung. Sie beginnen etwa im Alter von fünf Wochen sich gegenseitig zu lecken, ein Zeichen von Vertrautheit und Bindung. Lässt man Wurfgeschwister dauerhaft zusammen, werden sie auch später miteinander kuscheln und sich lecken. Ausnahme: Zwei potente Kater.

allzu viele Geschwister also ein Nachteil. Sonst aber überwiegen die positiven Aspekte.

Fitness durch Geschwister Katzen brauchen ihre Geschwister, um sich körperlich fit zu halten und um ihre kämpferischen Fähigkeiten zu trainieren. Interessanterweise sind dazu vor allem männliche Geschwister nötig. Wachsen weibliche Kätzchen im reinen „Frauenhaus" auf, dann fehlt ihnen einiges an Übung, Gegenstände zu fangen. Das heißt, sie spielen wenig und schlecht, vor allem das Beutespiel, aber auch das Raufen ist nicht besonders gut ausgeprägt. In der Natur kommen allerdings extrem selten rein weibliche Würfe vor.

Jagd- und Spielverhalten Wer Kätzchen beim Spielen zusieht, meint, sie üben für die Jagd. So einfach ist's aber nicht: Denn auch isoliert aufgewachsene Kaspar-Hauser-Katzen lernen die Jagd, nur später und mühsamer. Und der Spieltrieb wird nicht durch den Jagdtrieb ersetzt, sondern existiert parallel. Katzenforscher Bruce Fogle meint dazu: „Spielen ist eine Art von Aktivität, die nicht zielgerichtet zu sein scheint." Den unmittelbaren Nutzen übersieht man dabei leicht: „Das Gemeinschaftsspiel hat sich vielleicht auch deshalb entwickelt, um die Katzenjungen bis zur Rückkehr der Mutter zusammenzuhalten", vermutet Bruce Fogle.

Masse gleich Klasse Solange sie noch wenige Wochen alt sind, ist das Toben und Rangeln der Kätzchen nur ein Spiel, das niemals ernsthaften Charakter hat. Später, ab etwa zwölf Wochen schon, mischen sich immer erstere Ausein-

WICHTIG

Rangordnung
Die interne Rangfolge unter den Geschwistern beeinflusst sogar das Jagdverhalten der Tiere. Rangniedere Kätzchen zeigten sich bei Beobachtungen von Paul Leyhausen bei der Mäusejagd gehemmt, wenn ihnen ranghöhere Geschwister dabei zusahen. Offenbar gibt es auch bei Katzen so etwas wie Selbstwertgefühl und Peinlichkeit.

andersetzungen dazwischen und spätestens jetzt lässt sich für ein geübtes Auge erkennen, welches Tier dominant ist und welches nicht. Bei Studien an Freilaufkatzen konnte man sehen, dass die Körpergröße durchaus entscheidend ist: Niemals ist ein spindeldünner, kleiner Mickerkater dominant gegenüber einem wohlgenährten, großen Tier.
Außerdem hat das Alter großen Einfluss: „In meinem Studiengebiet nahmen immer die ältesten Männchen gegenüber den jüngeren, erwachsenen Katern ihrer Gruppe die Spitzenposition ein – und zwar in den sozialen als auch in den einzelgängerischen Gruppen", beschreibt die Schweizer Forscherin Rosemarie ihre Beobachtungen. Dieses älteste Tier kann auch einmal ein Weibchen sein, sah sie bei einer anderen Studie. Fest steht jedoch: Ein kaum dem Wurfnestchen entwachsener Jungkater muss erst einige Jahre in unteren Rängen dienen, bevor er auch nur ansatzweise auf den Posten des „Platzhirschs" spekulieren darf.

Katzenfamilien
bleiben nicht zusammen

In diesem Zusammenhang hat die Forscher die Frage interessiert, ob sich Wurfgeschwister auch später noch mögen, lieben oder respektieren, bzw. ob sie die Spielkameraden aus der Kindheit überhaupt noch erkennen? Die Antwort ist irgendwie enttäuschend. Denn von Geschwisterliebe ist bei einjähri-

Zeit zu gehen. Wenn die Kätzchen groß sind, zerfällt die Katzenfamilie ganz von selbst. Das Weibchen muss für den nächsten Wurf bereit sein. Die Jungkater werden von ihr nicht mehr als geliebte Söhne, sondern als lästig empfunden. Nur die Töchter dürfen häufig in ihrer Nähe bleiben, um gemeinsam den nächsten Nachwuchs groß zu ziehen.

gen Katern, die ihrer eigenen Wege gehen, nichts mehr zu spüren. Dass die Familienbande auch bei Hunden in ähnlicher Weise zerfallen, mag ein schwacher Trost sein.

Entwöhnung Mit etwa drei Monaten, manchmal erst mit einem halben Jahr, hört die Mutter für das Jungtier endgültig auf, Autoritätsperson und Versorger zu sein. Dann gelten Erwachsenenregeln, und das heißt, dass die Mutter die Kinder nicht mehr nuckeln, sie nicht mehr gerne an sich ankuscheln lässt, keine Spiele mehr mit ihrem Schwanz duldet und manches mehr. Gleichzeitig hört das Spiel der Kinder untereinander auf. Sie raufen nicht mehr aus purer Freude, sondern sie fighten immer öfter Revier- und Dominanzkämpfe aus. Und wenn sie könnten, wie sie wollten, dann gingen sie nun eigene Wege. Das heißt, dass junge Freilaufkater sich sehr häufig jetzt ein neues Zuhause suchen. Eines Tages sind sie verschwunden und man darf sich nicht wundern, wenn plötzlich irgendwo in der Nachbarschaft ein junger Kater zugelaufen ist, der dem verschwundenen so ähnlich ist...

Selbstständigkeit Tierarzt Dr. Rolf Spangenberg resümiert zum Geschwisterverhalten: „In dem Maße, in dem die Kätzchen selbstständig werden, gehen sie ihrer Mutter und ihren Geschwistern auf die Nerven. Die endgültige Trennung wird daher nicht schmerzlich empfunden, sondern eher mit Erleichterung begrüßt."

Kastration Wenn die Katzen dann nicht getrennt werden, sondern in einer Wohnung zusammenleben sollen, muss man sie kastrieren, um keine Dominanz-Probleme zu schaffen. Duftmarken spielen eine große Rolle innerhalb einer Katzengemeinschaft. Insbesondere die Kater grenzen damit ihre Reviere ab, und das leider auch innerhalb der Wohnung. Deshalb ist das Halten von nicht kastrierten Katern immer etwas problematisch, insbesondere dann, wenn es zwei oder mehrere sind.

Woran erkennt man ein dominantes Tier?

1. Dominante Tiere reiben ihre Wange an den Untergeordneten. Sie beißen dem Gegner ins Genick, ähnlich wie es der Kater bei der Paarung tut. Der Boss steigt über den Rivalen, so dass der unterlegene buchstäblich unten liegt, allerdings in Kauerstellung, nicht auf dem Rücken. Der Dominante reitet sogar gelegentlich auf wie bei der Paarung. Dieses Verhalten ist jedoch nicht mit homosexuellen Neigungen zu verwechseln. Potente Kater sind auch gegenüber kastrierten dominant.
2. Ein dominantes Tier vergräbt seinen Kot nicht, sondern lässt ihn offen sichtbar und geruchsintensiv liegen. Am Futterplatz frisst der Dominante vor seinen Rivalen. Weibchen oder freundlich gesinnten anderen Katzen lässt er jedoch gelegentlich den Vortritt. Ein rangniedriges Tier wird seinen Boss niemals von dessen Lieblingsschlafplatz vertreiben können.

Die unteren Ränge Erwähnt sei noch die große Schar von Tieren mit mittleren Rängen in Katzengesellschaften. Sie kümmern sich weder um Vorherrschaft, noch haben sie Unterlegenheitsprobleme, denn sie gehen Ärger aus dem Weg. Sie leben freundschaftlich nebeneinander nach dem Motto „leben und leben lassen". Am unteren Ende der Skala gibt es die so genannten Parias, Katzen, die nichts zu melden haben, verschüchterte Tiere, für die nur ein Leben als Einzelkatze in einer ruhigen Familie in Frage kommt, damit auch sie glücklich sein können.

Erst Liebe, dann Hiebe. Je älter die Kätzchen werden, desto rabiater wird die Katzenmutter zu ihnen. Sie duldet immer weniger die Frechheiten ihrer Kleinen.

Katzen sind Lebens-

künstler

Katzen können überall überleben: Sie haben sich an sibirische Kälte gewöhnt. Sie haben die feuchten Waldgebiete von Norwegen und dem amerikanischen Maine erobert. Sie fühlen sich in nordafrikanischen Wüstengebieten zu Hause und natürlich auch im angenehmen Mittelmeerklima und in der gemäßigten Klimazone Mitteleuropas.

Katzen leben überall

Das wusste man auch schon vor 40 oder 50 Jahren und dennoch hielt man Katzen damals für unfähig, sich einem neuen Lebensraum anzupassen.

So dachte man früher:

- mit einer Katze könne man nicht umziehen,
- Katzen liebten das Haus mehr als den darin wohnenden Menschen,
- Katzen könne man nicht in der Wohnung halten,
- Katzen könne man nicht zu einem Katzensitter oder in eine Katzenpension geben,
- Katzen würden nicht gern mit anderen Katzen zusammenleben,
- mit Katzen könne man nicht an der Leine spazieren gehen und
- Kater würden ihre Jungen auffressen.

Vorurteile gibt es viele Sämtliche dieser Urteile über Katzen entpuppten sich inzwischen als Vorurteile. Denn Katzen sind eben sehr anpassungsfähig und verblüffen uns Menschen immer wieder mit Verhaltensweisen, die wir ihnen eigentlich nicht zugetraut hätten – z. B., dass sie als reine Wohnungskatzen ohne Feilaufglücklich sein können.

Schwarze Katzen lebten einst gefährlich. Es scheint wie vor 1000 Jahren, und doch ist es gerade einmal 200 Jahre her, dass man Katzen zusammen mit ihren Halterinnen als vermeintliche Teufel auf dem Scheiterhaufen verbrannte. Aber dann verbesserte sich das Image der Katzen in Windeseile und heute haben sie an Beliebtheit sogar die Hunde überholt.

Katzen im geschichtlichen Wandel

Katzen in der bäuerlichen Familie Was hat wohl die Menschen dazu veranlasst, Katzen als so unflexibel anzusehen? Ein solches Urteil kommt wohl nicht aus heiterem Himmel und ist beim Blick auf frühere Verhältnisse leicht erklärt. So hat die gute alte Bauernhofkatze noch vor etwa 100 Jahren keine enge Bindung an die Familie des Bauern entwickeln können. Man ließ die Katzenbande, die meist aus einer Handvoll und mehr Tieren bestand, nicht in die gute Stube und erst recht nicht in die Küche. Katzen mussten draußen bleiben, wie der Hund zumeist auch. Kein Wunder also, dass das Zuhause, der Hof, wichtiger war als die Menschen. Wer den Hof verließ, nahm in der Regel keine der erwachsenen Katzen von dort mit, sondern – wenn überhaupt – ein Junges. Also ergab sich das Thema Umzug im bäuerlichen Milieu gar nicht.

Katzenaberglaube Dass die Bindung an den Menschen um ein Vielfaches größer ist als die Bindung an Haus und Hof zeigte sich, als immer mehr Katzenhalter eine solche Bindung auch zuließen. Das erscheint uns heute als so selbstverständlich, ist jedoch historisch gesehen eher die Ausnahme gewesen. Immerhin war es früher sogar lebensgefährlich, sich als Katzenfreund zu bekennen. Bis ins 18. Jahrhundert hinein wurden Frauen noch als vermeintliche Hexen verbrannt, die letzte 1793 in Posen. Der Besitz einer Katze genügte schon, um verleumdet zu werden und den Verdacht der Inquisitoren zu erregen. Das ist nicht so schrecklich lange her. Im selben Jahrhundert, als das Ende des Hexenwahns bereits absehbar war, wurde 1749 Johann Wolfgang von Goethe geboren. Dies soll nur zeigen, dass Katzenaberglaube, Katzenhass und Katzenverfolgung keineswegs nur zum „finsteren Mittelalter" gehört, sondern genau wie die Frauenverfolgung erst vor rund 200 Jahren von den Institutionen eingestellt wurde.

Haus- und Rassekatzen In den Köpfen der Menschen lebte der Aberglaube weiter. Und so brauchten die Katzen das 19. Jahrhundert, um sich bei den Menschen beliebt zu machen. Am Ende dieses Jahrhunderts zeugten die ersten Katzenausstellungen, dass das Eis nun gebrochen war. Die Rassekatzen lebten damals bereits häufig innerhalb der Wohnung. Rassekatzen! Die meisten Freunde von normalen Hauskatzen hielten sie damals nicht (und viele heute noch immer nicht) für richtige Katzen. Die Kluft zwischen Haus- und Rassekatze wird jedoch immer kleiner. Auch Hauskatzen hält man in der Wohnung, füttert sie mit Premiumfutter, kämmt sie, bietet ihnen Polster, Kuschelecken, Hängematten an der Heizung, und stellt sie sogar auf Shows aus.
Allmählich halten es immer mehr Katzenfreunde für möglich, eine Mieze in der Wohnung zu halten, ohne dass diese gleich aus Frust das Mobiliar zerfetzt.

Wohnungskatzen

Kaum jemand hätte noch vor einem halben Jahrhundert geglaubt, dass Katzen mit großer Zufriedenheit und Friedfertigkeit ein reines Wohnungsleben führen, und das auch noch in Gesellschaft einer oder mehrerer Mitmiezen. Und doch leben vor allem in den Großstädten Millionen von Katzen ohne Freilauf in Etagenwohnungen und sie sind glückliche, gesunde und zufriedene Tiere mit einer hohen Lebenserwartung. Die einzige Bedingung, die erfüllt sein muss, damit dies klappt: Den Freilauf sollte eine Mieze möglichst noch nicht geschnuppert haben. Denn dann wird's problematisch, ihr das Herumstromern wieder zu verbieten.

***Luxus gegen Freiheit.** Rassekatzen kennen es nicht anders, Hauskatzen lernen es immer öfter kennen, das reine Wohnungsdasein. Sie dürfen zwar nicht in den Gärten nach Lust und Laune streunen, dafür aber sind sie wohl behütet, umschmust, gepflegt und verhätschelt und das lieben Katzen mindestens genauso sehr.*

Frischluft ohne Freilauf. Die Balkon-Netze werden allmählich zu einem vertrauten Anblick an den Fassaden. Hier ist der geliebte Sonnenplatz sicher und gemütlich eingerichtet.

Umzug Genau genommen ist den Katzen die Wohnung vermutlich nicht wichtiger als uns. Und ein Umzug wird selbst von erwachsenen und alten Katzen gutmütig und problemlos weggesteckt, solange sie ihre oder ihren gewohnten Menschen, ihren Kratzbaum, ihre Toilette, ihr Schlafkissen usw. im neuen Zuhause wiederfinden. Selbst an einen neuen Menschen können sich Katzen relativ leicht gewöhnen, wenn sie bisher einen liebevollen Umgang durch uns Menschen erfahren haben und auch weiterhin erfahren.

Katzenfans Die Katzenliebe ist natürlich nicht neu. Schon Islamgründer Mohammed stand im 7. Jahrhundert dazu, eine Mieze zu mögen. Und viele berühmte Menschen vor und nach ihm ließen sich hier noch erwähnen. Die Regel war's jedoch nicht, sich als Katzenfan zu outen. Berühmtheiten, Künstler, Adelige – sie waren entweder reich oder verschroben oder beides und hoben sich auch in ihrem sonstigen Lebensstil vom bäuerlichen oder bürgerlichen Leben ab.
Neu ist heute, dass die Katzenliebe eine so breite Basis in westlich orientierten Zivilisationen gefunden hat. Überall, wo wir Katzen in unsere Häuser, Wohnungen, Betten und Herzen lassen, zeigt sich, dass diese Tiere viel flexibler sind als wir ahnen.

Privilegien Nur ein Verbot von einmal errungenen Privilegien, allen voran der lieb gewordene Freilauf,

wird äußerst ungnädig von der Katze aufgenommen. So flexibel sie sein mag: Einschränkungen mag sie nicht. Das reine Wohnungsleben wird von einem Jungtier jedoch nicht als eine solche Einschränkung wahrgenommen, weil oder wenn sie noch nichts anderes als ein Wohnungsleben kennen gelernt hat.
So raten alle Experten dazu, sich als Wohnungskatze ein Kätzchen zu holen, das niemals zuvor streunen durfte. Und falls auch ein katzensicherer Balkon oder Garten nicht möglich ist, sollte es überhaupt noch nicht im Freien gespielt haben. Hier zeigt die Anpassungsfähigkeit der Katzen eine Besonderheit: Das einzelne Individuum akzeptiert gutmütig und problemlos einmal vorgefundene Lebensumstände, sofern alle Grundbedürfnisse (Nahrung, Sicherheit) erfüllt sind. Es kann sich andererseits relativ schwer mit Einschränkungen einmal erlangter Freiheiten und Privilegien abfinden.

Katzen an der Leine? Die neueste Entwicklung geht sogar dahin, dass Katzen sich an die Leine gewöhnen können. Die Natürlichkeitsfanatiker unter den Katzenhaltern bekommen beim Anblick einer solch „armen angeleinten Kreatur“ Bauchkrämpfe. Die Leine sei nur etwas für Hunde, das könne man den freiheitsliebenden Katzen nicht antun, schauern die Leinenkritiker zurück. Doch vergessen sie, dass auch Hunde nicht mit Halsband und Leine zur Welt kommen und auch diese, wenn sie klettern könnten, über die Zäune springen und streunen würden.
Die Reaktion der Wohnungskatzen, die angeleint einen kleinen Ausflug in der Natur machen dürfen, ist meistens so eindeutig positiv, dass die Halter ihren Lieblingen diese Freude regelmäßig gönnen. Was spricht auch dagegen? Natürlich kann man keine eingefleischte Freilaufkatze plötzlich anseilen und erwarten, dass die das gut findet. Im Übrigen sind das einzige Leinenproblem für Katzen freilaufende Hunde.

Die Leine als Alternative. Besser ein kontrollierter Spaziergang als gar keiner. Eine Katze, die es nicht anders kennt, liebt diese Ausflüge und ist kein bisschen böse über die Einschränkung.

CHECK

Was braucht eine reine Wohnungskatze?

- [ ] *Einen Menschen als Freund für Zuwendung und Zärtlichkeit.*
- [ ] *Eine Katze zur Unterhaltung.*
- [ ] *Anregung und Spielzeug für langweilige Stunden.*
- [ ] *Kletter- und Kratzgelegenheiten zum Austoben.*
- [ ] *Warme Kuschel- und Schlafplätze.*
- [ ] *Aussichtsplätze in die weite Welt zum „Fernsehen".*
- [ ] *Gras und ungiftige Blumen zum Schnuppern.*
- [ ] *Leckeres Futter für Leib und Seele.*
- [ ] *Ein Katzenklo für dringende Bedürfnisse.*

Mitbewohner

Ein neuer Mensch zieht ein
Katzen lieben nicht automatisch jeden in der Familie, versuchen aber in der Regel, mit jedem auszukommen. Es gibt allerdings auch Exemplare, die durch ein Kindheitstrauma Ängste etwa vor kleinen Kindern, Männern oder sogar vor Frauen entwickelt haben und später um nichts in der Welt bereit sind, mit einem Menschen von der verhassten Sorte friedlich unter einem Dach zu leben. Es gab eine Katze, die den neuen Partner ihres Frauchens regelrecht vergrault hat. Nachdem der neue Herr des Hauses wochenlang auf den Knien, Lachsstückchen in der Hand, unter das Sofa rutschend vergeblich versuchte, dem Katzentier körperlich und seelisch näher zu kommen, machte er aus seiner Verärgerung kein Geheimnis mehr. Die Folge war ein handfester Streit mit dem Frauchen, gefolgt vom Ultimatum „Sie (die Katze) oder ich!". Der Herr nahm also seine Sachen wieder mit, wobei es fraglich ist, ob eine Mieze, die so männerfeindlich eingestellt ist, den nächsten Partner akzeptiert. Zumeist kann man(n) mit Geduld und Einfühlungsvermögen und einem Verzicht auf Eifersucht immerhin akzeptiert werden.

Das Geschilderte ist jedoch die Ausnahme. Denn Katzen sind ja schlaue Tiere und merken sofort, dass ein weiteres Familienmitglied auch ein Mensch mehr ist, der ihnen Gesellschaft leistet, der sie streichelt, füttert, das Klo sauber macht oder die Türen öffnet. Alles in allem ist ein neuer Mensch in der Wohnung meistens sehr willkommen. Mit Ausnahme von solchen

Menschen, die sich nicht zu benehmen wissen, wozu beispielsweise ganz kleine Kinder gehören.

Neugeborene sind für Katzen wenig reizvoll. Mit ihnen kommen aus der Sicht der Katze zwar ein paar neue Kuschelplätze ins Haus (Kinderbett, Wiege, Wippe, Schaffell). Dem kleinen Schreihals gehen sie jedoch aus dem Weg. Wenn das Baby schläft, also ruhig, warm und kuschelig ist, lässt man es vorsichtshalber nicht mit der Katze allein, auch wenn diese sonst einen Bogen ums Baby macht. Probleme gibt es nur, wenn die Katze eifersüchtig wird. Gibt man ihr jedoch soviel Liebe wie zuvor auch, gewöhnt sich eine Katze schnell an ein Baby und manchmal entstehen dicke Freundschaften zwischen Katze und Kind.

***Das wahre Hochgefühl.* Vor 30 Jahren war es noch der Luxus einiger weniger Rassekatzen, einen Kratz- und Schlafbaum zu besitzen. Heute wird damit ein Vermögen verdient, denn wenn Katzen eines lieben, dann ihren erhöhten Schlafplatz mit integriertem Kratzpfosten.**

Hunde

Einen freundlichen, gutmütigen Hund brauchen Sie, wenn Sie zur Katze einen Hund dazu gesellen wollen. Denn hier liegt die Anpassung mehr beim Hund als bei der Katze, das heißt, der Hund muss sich möglichst fern halten, dann kommen die Katzen einigermaßen mit ihm klar.

TIPP

Katze und Hund

Wer echte Freundschaft zwischen Hund und Katze erleben will, hat die besten Chancen, wenn er sich zwei Jungtiere gleichzeitig zulegt. Das geht immer gut. Was auch häufig friedlich abläuft, sind eine Hündin und ein Jungkätzchen, weil hier oft der Muttertrieb geweckt wird. Auch eine erwachsene Katze und ein Welpe kommen meist – mit anfänglichen Schrammen – schnell miteinander klar.

Es geht auch so. Die Katze liebt den Hund und der genießt und schweigt. Wer ein solches Idyll zu sich in die Wohnung holen will, braucht dazu vor allem einen gutmütigen Hund. Dann ergibt sich der Rest fast von selbst.

Schlechte Erfahrungen Einige Umstände sind äußerst schwierig, und nur dann ratsam, wenn die Familie, in der sie leben sollen, harmonisch zusammenlebt. In einem Zuhause, in dem viel Streit und Zank herrscht, kann man keine Tiere, die vor einander Angst haben, vertrauensvoll zusammenführen. Katzen, die mit Hunden bereits schlechte Erfahrungen gemacht haben, arrangieren sich nur sehr schwer mit einem Hund im eigenen Heim. Einfacher ist es für sie, wenn es ein Welpe, ein sehr gutmütiger Hund oder ein hündischer Katzenfreund ist, den sie akzeptieren sollen. Das macht es ihnen leichter, Vertrauen zu fassen.

Katzenhasser Hunde, die auf Katzen scharf gemacht wurden, akzeptieren kaum eine Katze im eigenen Heim. Es geht nur unter größter Vorsicht. Dazu braucht es Halter mit viel Zeit, mit großem Einfühlungsvermögen in die Seele seiner Tiere – also einen erfahrenen, liebevollen und konsequenten Halter, der es um jeden Preis vermeidet, zwischen den Tieren Eifersucht aufkommen zu lassen. Es gibt eine Familie, die es verstand, einen messerscharfen Bullterrier aus dem Tierheim zum besten Freund ihrer zwei Siamkatzen zu machen.

Sinn für Gefahren Dass die Katzen die Gewöhnung an einen Hund überhaupt mitmachen, erklärt sich aus ihrem angeborenen Sinn für die Gefährlichkeit anderer Tiere. Sie nehmen eine aggressive Grundstimmung ebenso intuitiv wahr wie eine friedliche. Sie erkennen, wann ein Hund schläfrig, verspielt oder im Gegenteil angriffslustig ist. Deshalb laufen Katzen auch nicht immer automatisch auf der Straße davon, wenn sich ein Hund nähert. Sie wissen in der Regel, ob es gefährlicher ist, zu bleiben oder zu flüchten. Ausnahmen bestätigen die Regel.

Mein Hund, dein Hund Im eigenen Zuhause lernen sie schnell durch Beobachtung bzw. Erfahrung, wie ihr hündisches Gegenüber gerade gelaunt ist. Irgendwann reiben sie ihr Köpfchen am Hund, somit ist dieser markiert und das sagt allen anderen Katzen, sofern sie dem Hund nahe genug kommen: Das ist der Hund von Katze Sowieso. Anderen Hunden sagt es das auch: Aha, dieser Hund gehört einer Katze. Aber damit muss der Hund leben. Für die Katze ist das kein Problem.

Andere Katzen

Stimmungsschwankungen Die Beziehungen von Katzen untereinander sind schwer zu begreifen. Sie scheinen zwischen heißer Liebe, Gleichgültigkeit, Hass und Ekel ohne besonderen Grund oder Anlass hin- und herzupendeln. Neulinge in der Katzenhaltung geraten dadurch in ständigen emotionalen Aufruhr. Sie leben in Furcht, dass es bei den Katzen „wieder losgeht", und man nie weiß, wann das sein wird.

Raushalten lautet die Devise Erfahrene Katzenhalter halten sich heraus und zucken nur die Schultern, wenn eine der lieben Miezen meint, eine Mitmieze verprügeln zu müssen. Allenfalls packen sie

Streit gehört zum Alltag. Aber er geht bei zwei miteinander vertrauten Katzen sehr selten über das normale Geplänkel hinaus, das man noch als „Gemeinschaftsspiel" ansehen kann. Warum ein solches Scharmützel entsteht, kann man kaum erkennen. Das Beste ist jedoch, sich nicht einzumischen.

Wohnungskatzen brauchen Gefährten. Stundenlang ganz allein zu sein und zu warten, bis die Familie heimkommt, das ist langweilig und frustrierend. Nur eine zweite Katze kann hier Abhilfe schaffen. Ideal ist es, sich gleich zwei Wurfgeschwister zu holen, denn die kennen und mögen sich schon.

den größten Störenfried am Schlafittchen und befördern ihn für eine Weile nach draußen. Es ist normal, wenn sich zwei Katzen, die vor einer Stunde noch eng umschlungen im Bett lagen, nun ein Hauen und Stechen liefern, das für uns durchaus ernste Züge haben kann. Pack schlägt sich, Pack verträgt sich, das ist bei Katzen so ähnlich wie auf dem Schulhof: Heftig, aber schnell vergessen.

Integration einer neuen Katze Wenn nun eine neue Katze integriert werden soll, muss man sich auf einiges Fauchen und Kratzen einstellen. Einige Umfragen unter Katzenhaltern zum Thema „Wer passt besser zu wem" haben leider kein einheitliches Bild ergeben, zu sehr scheinen die individuelle Neigung, andere Katzen prinzipiell zu mögen oder nicht, und die bisherigen Erfahrungen eines Tieres mit anderen Artgenossen eine Rolle zu spielen. Meistens liefern sie sich einige Raufereien, die sich mit der Zeit auf gelegentliche Scharmützel reduzieren.

Trennen von Kontrahenten Um den schlimmsten Fall zu nennen: Manche Katzen können sich absolut nicht riechen und sollten wieder getrennt werden. Die Frage ist: Wann bzw. wie erkennt man dies? Als Antwort darauf kann man nur eine Faustregel geben. Die ersten

WICHTIG

Atmosphäre

Der Halter ist übrigens kein Beobachter, sondern Akteur. Wer friedliche Katzen will, muss ein friedliches Zuhause bieten. Wer liebevolle Katzen will, muss auch zu ihnen und zu seiner Familie liebevoll sein. Wer vertrauensvolle Tiere will, darf nicht in einer Atmosphäre von Angst und Misstrauen leben. Wer will, dass die Katzen zu allen lieb sind, darf nicht selbst einen in der Familie oder einen von den Tieren links liegen lassen. Eifersucht sollte man unbedingt vermeiden.

Wochen mit einer neuen Katze können die Hölle werden: Kämpfe, Unsauberkeit, Rückzug eines oder beider Tiere, Futterverweigerung, etc. Wenn diese Zustände einen Monat lang unverändert anhalten, ist es unklug, auf eine Besserung aus heiterem Himmel zu warten. Sind jedoch kleine Fortschritte erkennbar, dann kann man ruhig noch abwarten. Manche Katzen brauchen Monate, bis sie Vertrauen finden.

Wer zu wem?

- **Einzelkatze zu Einzelkatze** Setzen Sie eine erwachsene Einzelkatze zu einer Katze, die ebenso ihr Leben bisher nicht mit anderen teilen musste, und Sie haben Zoff ohne Ende. Dies ist nämlich mit Sicherheit die schwierigste Kombination, wobei es dann ganz egal ist, ob es sich um Kater oder Kätzin handelt.

- **Zwei sozialisierte Katzen** Wenn Sie aber im Gegenteil zwei grundsätzlich bereits mit Katzen sozialisierte Tiere zusammengewöhnen wollen, sind die Chancen auf Frieden äußerst gut.

- **Junges Kätzchen zu Katze** Genauso wenig problematisch ist es zumeist, ein junges Kätzchen zu einer erwachsenen „sozialen“ Katze dazu zu gesellen, wobei manche der Meinung sind, dass sich kastrierte Kater leichter an einen Neuling gewöhnen als eine Kätzin. Zu einem Weibchen setzt man leichter einen jungen Kater – heißt es, allerdings nur gerüchteweise. In der Praxis hat sich gezeigt, dass sich die Tiere durch spontane Sympathie und Antipathie oft völlig anders verhalten, auch im positiven Sinne, als man erwartet hat. Und wenn sich zwei spontan nicht gemocht haben, trennt man sie für kurz, reibt ihnen beiden das Fell mit einem Hauch von Räucherlachs ein, und wird dann sehen, ob sie sich nicht doch noch riechen können.

Wie Freundschaft entsteht. Kinder haben noch Zeit für Spiel- und Schmusestunden und so entsteht zwischen ihnen und den Familienkatzen häufig eine ganz besonders enge Bindung.

Wenn Katzen ihr

Verhalten ändern

So anpassungsfähig Katzen als Art auch sein mögen, das einzelne Individuum hat durchaus gelegentlich Probleme, mit Veränderungen fertig zu werden.

Das Leben hinterlässt Spuren

Katzen sind zwar leichter zu halten als Hunde, weil man bei ihnen nicht so uneingeschränkt den Boss herauskehren muss, um ein folgsames Tier zu haben. Andererseits sind Katzen auch schwerer zu beeinflussen, sollten sie eine Verhaltensstörung entwickeln. Ein erfahrener Hundetrainer weiß, dass sein Patient prinzipiell im Rudel sein möchte und ein Hund alles tun wird, um dort seinen Platz zu finden bzw. zu halten.

Katzen brauchen eine Mama Ein Katzenpsychiater weiß auch eines sicher, nämlich, dass eine Katze im Extremfall lieber abhaut, als sich zu fügen. Einer Katze muss man also das Zusammenleben schmackhaft machen, man muss sie locken, und manchmal wirklich mit Futter und Verwöhnung, während der Hund Grenzen braucht. Wer versucht, eine Katze so zu erziehen, wie einen Hund, legt den Grundstein für eine ordentlich verkorkste Beziehung. Hunde brauchen einen Boss, Katzen eine Mama. Beide Tiere müssen mit Konsequenz erzogen werden, wobei es bei Katzen genügt, wenn sie Verbote respektieren. Hunde müssen außerdem auch Befehlen gehorchen und das kann man von einer Katze nicht erwarten.

Verhaltensänderungen Auf der anderen Seite wollen uns Katzen (und Hunde) auch nicht absichtlich ärgern. Vieles, was uns Menschen als eine Störung vorkommt, gehört für die Katze in die Rubrik „normales Verhalten", z.B. das Wetzen der Krallen am neuen Sofa. Wer ein krallenfreundliches Möbel in die Wohnung holt, muss damit rechnen, dass die Katzen das auch entdecken.

Zerstörungswut entsteht aufgrund großer Unzufriedenheit mit den Lebensumständen.

Unsauberkeit Ähnlich leicht zu erklären ist auch neu aufgetretene Unsauberkeit, nachdem ein „neuer“ Kratzbaum vom Trödelmarkt ins Haus kam. Wenn die Katzen wie wild daran pinkeln, dann deshalb, weil das Möbel nach fremder Katze riecht und dieser Geruch muss weg – meinen sie! Besser ist dann, einen solchen Kratzbaum aus der Wohnung zu entfernen.

Diebische Natur Ein anderes Beispiel: Plötzlich klauen die Katzen Futter vom Tisch. Vermutlich bekamen sie einmal etwas von oben zugesteckt, oder eine der Miezen hat zufällig ein Wurstscheibchen dort entdeckt. Was Katzen einmal gelernt haben, vergessen sie nicht wieder.

Weitere Marotten Ähnlich ist es, wenn sie anfangen, auf dem Esstisch zu schlafen. Möglicherweise schien einmal die Sonne verlockend dorthin und schon folgt die Katze der Wärme...
Das Anknabbern von Blumen kann ebenso aus Zufall entstanden sein, etwa aufgrund von Langeweile, beim Spielen mit einem Blatt.
Alle diese Marotten können vom Halter unbewusst durch Zuwendung in der betreffenden Situation verstärkt worden sein. Viele würden die Katze einfach auf den Arm nehmen, um sie vom Tisch zu setzen. Ein bisschen getragen zu werden ist für eine sonst vernachlässigte Katze schon mehr Zuwendung, als sie sonst bekommt.

Verhaltensstörungen –
Meistens Schicksal

Entwicklung von Misstrauen Wer seine Katze mit Schlägen bestraft, bestraft sich selbst. Denn die Katze wird einen gewalttätigen Menschen künftig meiden. Sie verzeiht nicht, sondern geht ihm schmollend, grollend und vorsichtig darauf bedacht, ihm nicht zu nahe zu kommen, aus dem Weg. Erfährt ein noch junges Kätzchen Brutalität, wird es in der Regel menschenscheu. Eine schon erwachsene Katze mit bislang guten Erfahrungen mit uns Menschen differenziert: Sie erkennt den Bösewicht und macht andere Menschen nicht mitverantwortlich. In einer Schweizer Feldstudie von Dr. Dennis Turner und M. Meier konnten die Forscher die beobachteten 35 Katzen sehr genau in scheue und zutrauliche einteilen und fanden auch einige Fälle, in denen die Scheu erst durch Misshandlungen entstanden war. Andererseits gibt es auch nicht selten den umgekehrten Fall, dass scheue Katzen durch Füttern und regelmäßige Zuwendung zu einer bestimmten Person Zutrauen gewinnen. Dass solche Bemühungen Erfolg haben und sogar in einer Forschungssituation nachweisbar sind, wies die Diplomandin K. Geering, ebenfalls bei Dr. Turner aus der Schweiz, nach. Sie kam nach einer kontrollierten Studie zu dem Schluss, dass der Akt des Fütterns allein zwar Zutraulichkeit fördere, es jedoch Streicheln, Spielen und Ansprache bedarf, um eine Beziehung aufrecht zu erhalten.

Schicksalsschläge Somit sind die Früherfahrungen nicht immer alles entscheidend für den Werdegang einer Katze. Die Späterfahrungen können viele Versäumnisse aus den Kindertagen wettmachen. Häufiger jedoch ist's umgekehrt: Die Katze wird von etwas aus der Bahn geworfen und reagiert mit einer Verhaltensstörung. Echte Schicksalsschläge kann man einer Katze nicht ersparen. Wir spielen allerdings manchmal Schicksal, ohne uns dessen bewusst zu sein. Denn

***Erziehung ist nötig.** Kleinen Kätzchen darf man nichts durchgehen lassen, was man bei einer erwachsenen Katze keinesfalls dulden würde. Denn dann sieht es nicht mehr so putzig aus, wenn sie auf dem Tisch das Essen klaut.*

***Wie Zufriedenheit entsteht.* Es klingt wie eine Binsenweisheit und doch missachten viele Katzenhalter unwissentlich die wichtigste Grundregel: Erfülle alle Bedürfnisse einer Katze, und sie wird glücklich sein. Diese sind Gesundheit, liebevolle Zuwendung, Spiel und Spaß, Kuschelplätze, leckeres Futter, sauberes Klo und ein harmonisches Zusammenleben.**

für eine Katze kann auch der Verlust von Gewohntem, von Privilegien und geliebten Dingen und Umständen zum Schicksalsschlag werden. Sie werden dies sofort merken: Liebesentzug ist nur eine der „Strafen", die eine Katze in solchen Fällen für uns bereit hält.

Umgewöhnungszeit Nehmen wir an, Sie lassen Ihre Katze nachts zu sich ins Bett und nun kommt ein Lebenspartner hinzu, der das nicht leiden kann. Die Katze wird daher nächtens vor die Tür gesetzt. Vermutlich geschieht nun Folgendes: Die Mieze schreit und kratzt die halbe Nacht lang an der Tür. Sie schimpfen die Mieze, Sie sind sauer, lassen sie jedoch draußen. So zieht sie sich schmollend zurück und würdigt Sie am Morgen keines Blickes. Möglicherweise finden Sie einen großen nassen Fleck auf dem Teppich. Nun können Sie entscheiden: Entweder stehen Sie die Umgewöhnungszeit zusammen durch und geben dem Tier besonders viel Zuneigung am Tag in der Hoffnung, dass es den nächtlichen Frust bald hinter sich lassen kann. Oder Sie öffnen die Schlafzimmertür wieder. Ganz falsch ist ein halbherziges Verhalten, Mitleid oder gar ein gelegentliches Einlassen und dann wieder Aussperren.

INFO

Frust oder Lust?

- *Anzeichen von Frust, Unmut, Langeweile, Eifersucht, Protest, Unwohlsein bis hin zu Krankheit sind Unsauberkeit, Markieren, lautes Schreien, Türenkratzen, Zerfetzen von Gegenständen, Attacken auf Arme und Beine, Liebesentzug. Besondere Anzeichen von Krankheit: Berührungsempfindlichkeit, Appetitlosigkeit, sich Verkriechen.*

- *Anzeichen von Fehlprägungen bzw. Störungen, deren Wurzeln eher in den Kindertagen der Katze zu finden sind, können Kauen an Wolle und anderen Stoffen, Nuckeln an der Haut, plötzliches Kratzen und Beißen sein, aber auch Furcht vor bestimmten Menschen, Tieren oder Umständen (z.B. Auto) bis hin zu Panikattacken.*

- *Mehr oder weniger durch Zufall erlernte Unarten sind das Klauen von Gegenständen, das Öffnen von Türen und Kühlschränken, das Plündern von Futterschachteln, Zerrupfen von Blumen, Pinkeln in die Toilettenschüssel und vieles mehr. Auch Angst und Panik vor bestimmten Dingen und Menschen wird häufig erst als erwachsene Katze gelernt.*

Alter und Krankheit

Gliederschmerzen, Arthrose, Rheuma, schlappe Muskeln, Übergewicht, Diabetes, schwaches Herz, Nierenprobleme, Altersweitsichtigkeit, Hörprobleme, Dauerschnupfen, Allergien, Zahnschmerzen und vieles mehr – ja, auch die Katzen können im Alter ihre Wehwehchen und echte chronische Krankheiten entwickeln. Da geht es ihnen nicht anders als uns Menschen und daher ist es uns auch verständlich, wenn ein Tier sein Verhalten ändert, wenn es Schmerzen hat, sich in seinem Pelz nicht wohl fühlt, wenn es schlecht sieht oder hört, und sich deshalb nur vorsichtig bewegt, oder wenn es durch Schnupfen kaum riechen kann und dadurch appetitlos wird.

Erste Anzeichen vom Alter Junge gesunde Katzen, bis etwa zwei Jahre, sind sehr aktiv und verspielt, gefräßig und unternehmungslustig. Dann kühlen die Gemüter etwas ab und sie spielen nicht mehr so häufig, liegen dafür gerne lange auf der faulen Haut und kommen öfter zum Schmusen. Erste Anzeichen vom Alter sieht man bereits bei sieben- bis achtjährigen Katzen. Sie werden deutlich ruhiger und häuslicher, vor allem, wenn sie mit gesundheitlichen Problemen zu tun haben. Dann läuft alles nicht mehr so gut, die Mäuse entwischen, weil die Arthrose zuschlägt und nicht die bislang so fixe Killerkralle. Der Sprung auf den Kratzbaum gelingt auch nicht mehr so elegant und heimlich wird ein Zwischenbrett angesprungen. Über solche leichten Unzulänglichkeiten sollte man diskret hinwegsehen.

Anzeichen von Krankheit Was Sie jedoch auf keinen Fall übersehen sollten, sind die Anzeichen von echter Krankheit, z.B. starker Gewichtsverlust, steifer Gang, übermäßiger Durst. Die Tiermedizin bietet eine breite Palette von Therapiemöglichkeiten, die selbst bei chronischen Zuständen ein lebenswertes Dasein ermöglichen. Lassen Sie bei auffällig schlappen und müden Katzen die Nierenfunktion und den Blutzucker testen, tippen Sie bei Appetitlosigkeit auch auf Zahnweh oder Schnupfen, bei Katzen, die nicht mehr springen und klettern auf Gelenkprobleme. Sehr viele Krankheiten können sich als Alterserscheinung tarnen. Lieber einmal zu viel zum Tierarzt als einmal zu wenig!

Stimmungsänderung „Häufig bemerken Sie als erstes einen Stimmungsumschwung", weiß Bruce Fogle, Tierarzt und Forscher aus England über die Halter von Seniorenkatzen zu berichten. Die betreffenden Katzen werden als lethargisch, lustlos und dumpf beschrieben. Es kann jedoch auch einmal eine alte Katze besonders aktiv werden. Wen das beunruhigt, der lasse die Schilddrüse der Mieze auf eine Überfunktion hin prüfen. Eine Unterfunktion der Schilddrüse zeigt sich in Trägheit, Reizbarkeit und an Übergewicht.

Junge Faulpelze Im Übrigen sind, nach Beobachtungen von Dr. Dennis Turner, Katzen, die schon als Jungkätzchen wegen ihres temperamentvollen Spiels auffielen, auch als erwachsene Katzen noch aktiv und sogar als Katzensenioren noch gerne zu einem Spielchen zu animieren. Umgekehrt bleiben junge Faulpelze auch im Alter, was sie sind und immer waren: faul.

Alter ist rasseabhängig Und schließlich gibt es noch Hinweise darauf, dass sich das Älterwerden nicht bei allen Rassen gleich äußert: Nach einer Umfrage der Zeitschrift „Geliebte Katze" (9/95) verstärken sich bei Siamkatzen das Schmusen, Schlafen und Nähe-Suchen noch mehr als bei Perser und Hauskatze. Bei allen Rassen stellten die Halter fest, dass die Tiere heikler wurden und weniger fraßen. Sehr stark lassen nach diesen Ergebnissen bei allen Katzen erwartungsgemäß die Aktivitäten nach, das Toben, Tollen und Spielen, und gesundheitliche Probleme tauchen auf.

Wann ist eine Katze wirklich alt? Die Statistik sagt, dass sich die durchschnittliche Lebenserwartung zwischen 1967 und 1997 verdoppelt hat und heute bei zehn Lebensjahren liegt. Darin sind jedoch auch alle Katzen, die durch Unfälle und Krankheit vorzeitig ableben, berücksichtigt. Eine normal gesunde und gepflegte Katze wird heute rund 15 Jahre alt. Viele Miezen haben auch schon deutlich mehr Jahre auf dem Buckel, mit steigender Tendenz. Die über 20jährigen sind heute allerdings noch immer die Ausnahme. Die Lebenserwartung hängt sehr stark von den Lebensbedingungen ab: Wohnungskatzen werden älter als Freilaufkatzen, kastrierte Tiere älter als potente, orientalische Rassen älter als andere Rassen.

Altersstudien Amerikanische Forscher an der Universität Yale, die den Tod von Mensch und Tier nur als Folge vermeidbarer Krankheiten ansehen, arbeiten indes weiter unbeirrt an der Unsterblichkeit und meinen, bis zum Jahr 2050 genügend Kenntnisse dafür erlangen zu können. Die jungen Leute unter uns können das dann überprüfen. Andere, die das Altern erforschen, stellten fest, dass ein frühes Gebären bei manchen Spezies zu frühem Altern führt. Bei Katzen, so Bruce Fogle, könne man das nicht bestätigt sehen. Siamkatzen, die früh geschlechtsreif werden und daher normalerweise auch jung

Das Alter beginnt erst spät. Die Futtermittelindustrie bietet schon für achtjährige Katzen das Senioren-Spezialfutter an. Eine gesunde Mieze braucht das jedoch noch nicht. Denn Forscher fanden heraus, dass Katzen erst mit 16 Jahren deutlich in ihren Aktivitäten nachlassen.

Nachwuchs bekommen, haben unter den Katzen die höchste Lebenserwartung.

Gehirnjogging Für uns Menschen und Säugetiere, also auch für Katzen, ist jedoch von großer Bedeutung, dass man den Alterungsprozess durch „Gehirnjogging" hinauszögern kann, wie Studien bewiesen haben. Eine geistige Stimulation hält die kleinen grauen Zellen buchstäblich beisammen. Da das Gehirn durch Botenstoffe alle Stoffwechselvorgänge steuert, hat das einen positiven Einfluss auf den ganzen Organismus.

Nicht zu viel, nicht zu wenig. Und das von Anfang an. Dann gewöhnt sich die Katze schon als Jungtier an die passende Menge und wird später keine Probleme mit Übergewicht bekommen.

Mangelernährung und falsches Futter

In einem gesunden Körper wohnt ein gesunder Geist Das wussten schon die alten Römer und doch verblüfft es irgendwie zu wissen, dass die Ernährung das Verhalten der Katze beeinflusst und zwar ziemlich deutlich. Wir Menschen kennen das auch: Hunger macht viele von uns mürrisch, ja sogar aggressiv. Und wer sich vor dem Essen gestritten hat, weiß nachher, wenn er sich satt und zufrieden (!) zurücklehnt, gar nicht mehr, warum er vorher so ekelhaft gewesen ist. Gehirnforscher können's ihm erklären: Das Aggressionszentrum liegt im Hirn neben dem Hungerzentrum und da springen die Funken gerne über. So kann allein schon das Hungergefühl für mürrisches Verhalten verantwortlich sein, was man an verwilderten, ausgemergelten und stets hungrigen Katzen auch gut beobachten kann: Sie sind deutlich aggressiver als unsere Wohlstandsmiezen.

Nährstoffe Und schließlich versorgt das Futter die Katze mit allen wichtigen Nährstoffen, deren Mangel auch einen Einfluss auf das Verhalten des Tieres zur Folge hat, und nicht nur durch den Umweg über eine Krankheit. Ausreichend mit

Gesunder Geist in gesundem Körper. Seltsames Verhalten weist gelegentlich auf eine Krankheit hin. So kann zum Beispiel Trockenfutter ohne genügend dazu getrunkenes Wasser zu schmerzhaftem Harngries führen, was man lange nicht merkt. Denn Katzen leiden stumm.

Fleisch versorgte Katzen erhalten damit auch genügend Tryptophan, eine Aminosäure, die für die Serotoninbildung im Gehirn benötigt wird. Dieses wiederum ist ein wichtiger Botenstoff für den Körper, vermindert die Aggressionsbereitschaft und beeinflusst unter anderem damit die Stimmungslage. Es gibt in der Literatur (z.B. bei Bruce Fogle) Hinweise darauf, dass sich eine Mangelernährung ins Gehirn einprägt, die Kätzchen sich den Zustand sozusagen für immer merken: Sie bleiben auch als gut genährte Erwachsene unzufriedene Tiere im Gegensatz zu solchen, die schon in der Kindheit gut mit Nahrung versorgt wurden.

WICHTIG

Ernährung
Über Stoffwechselvorgänge im Körper und ihre Beeinflussung des Verhaltens ist bislang wenig bekannt. Man sollte jedoch bei verhaltensauffälligen Katzen auch an den Einfluss der Ernährung denken, den Rat eines Experten einholen und eventuell die Ernährung umzustellen.

Tagesrhythmus, Jahreszeit und Wetter

Wenn die „Innere Uhr" nicht mehr richtig tickt Die innere Uhr ist ein Phänomen: Man weiß nicht genau, wie sie funktioniert, und doch haben Mensch und Tier ein

Katzen sind dämmerungsaktiv. Am frühen Morgen und am späten Nachmittag sind Katzen wach und abenteuerlustig. Aber sie passen sich auch relativ leicht unserem Rhythmus an und bleiben zu unseren Schlafenszeiten ruhig.

Gespür für den Tagesrhythmus. Die Wissenschaft ordnet den Zeitsinn dem Hypothalamus, einer Region im Gehirn, zu. Von dort werden mit Hilfe von Hormonen und anderen Botenstoffen die körpereigenen Rhythmen gesteuert, vom Tagesrhythmus bis hin zu Reaktionen auf jahreszeitliche Veränderungen. Sogar die Woche, also ein vom Menschen willkürlich festgelegter Zeitraum von sieben Tagen, hinterlässt ein Gefühl für Anfang und Ende und das auch bei der Katze.

Tagesrhythmus Nach einer Umfrage von „Geliebte Katze (2/94)“ weiß jede zweite Katze (von 1036 Tieren), wann es Wochenende ist und dass dann die lieben Menschen ausschlafen wollen. Indiz für diese Beobachtung der Katzenhalter ist nämlich, dass viele Katzen am Wochenende ihren Weckdienst unterlassen und sich länger ruhig verhalten als sonst. Dies fällt Katzen ziemlich schwer. „Hunde können ihre innere Uhr auf die unsere einstimmen, während Katzen lieber nach ihrem eigenen Körperrhythmus leben“, hat Tiermediziner Bruce Fogle beobachtet. Und doch passen sie sich unserem Wunsch nach Ruhe an, zumal sie ja auch selbst zu den Lebewesen gehören, die gerne ein Nickerchen machen. Dumm ist nur, dass Katzen genau in den frühen Morgenstunden und bei Abenddämmerung am aktivsten sind – eine Zeit, die uns vor allem morgens nicht so sehr zusagt. Mittags und um Mitternacht schlafen Katzen dagegen besonders gern, und das kommt uns wieder entgegen.

Jahresrhythmus Über diesem Sinn für den Tages- und Wochenrhythmus liegt das Mitschwingen im Jahresrhythmus: Katzen sind vom Frühjahr bis zum Herbst wesentlich aktiver als im Winter. Gut zwei

Drittel der Katzen sind im Winter buchstäblich nicht hinter dem Ofen hervorzulocken. Auch diese Angabe geht auf eine Umfrage von Geliebte Katze (4/94) zurück, in der auch nach der Wetterfühligkeit gefragt wurde. Demnach sind viele Katzen eindeutig wetterfühlig. 35 % reagieren auf einen Wetterumschwung mit besonderer Unruhe, 23 % gehen dann nicht gerne nach draußen, 17,6 % schlafen dann länger als sonst, 15 % benehmen sich irgendwie merkwürdig, 7 % sind mürrisch und streitlustig und nur 1,6 % sind dann an allem interessierter als sonst. Das heißt insgesamt jedoch nicht, dass man den Winter für Katzen am besten abschaffen sollte. Fast jede zweite Katze spielt ganz gerne gelegentlich im Schnee, allen voran die Rassen Maine Coon und Norwegische Waldkatze. Orientalen haben dagegen vom Schnee, Eis und Kälte keine Meinung und wenn doch, dann keine gute.

Winter und Frühling Der Winter an sich treibt die Katzen aller Rassen zurück ins Haus, macht sie träge, müde, lustlos und manchmal sogar kränkelnd. 80 % verbringen jetzt deutlich mehr Zeit bei Herrchen und Frauchen, 41 % schmusen nun mehr, 50 % sitzen mehr am Fenster, 70 % suchen wärmere Schlafplätze, 39 % fressen jetzt mehr, 27 % spielen jetzt weniger und 80 % freuen sich angeblich auf den Frühling. Wenn es dann tatsächlich wärmer wird, verändert sich das Verhalten von bislang im Haus „winterschlafenden“ Freilaufkatzen dramatisch: Aus dem Stubenhocker wird ein Frischluftpapst, und er ward kaum noch innerhäusig gesehen, allenfalls zum Fressen. Auch die reinen Wohnungstiere werden wieder munterer und drängen nach mehr Abwechslung, wenn es draußen wärmer wird.

Frühlingsgefühle machen munter. Im Winter liegen Katzen manchmal so faul herum, dass man denkt, sie sind krank oder vorzeitig gealtert. Aber dann kommt der Frühling und so mancher kennt seine eigene Katze nicht wieder.

Was eine Katze noch

beeinflusst

Es gibt etwas Geheimnisvolles in der Katze, das über allen Kindheitserfahrungen und späteren Erlebnissen zu stehen scheint, das unabhängig von Entbehrung und Überfluss, von Misshandlung und Verwöhnen existiert: Die Persönlichkeit.

Individualität – Das Temperament ist angeboren

Die Persönlichkeit ist eine der Katze innewohnende Bereitschaft scheu oder zutraulich, ein Haudrauf oder ein Rühr-mich-nicht-an, schläfrig oder aufgeweckt, klug oder tollpatschig zu sein. Viele Charaktermerkmale sind auch bei noch so unterschiedlicher Behandlung einer Katze nicht zum Verschwinden zu bringen. Sie treten immer wieder zutage und lassen uns Menschen darüber staunen.

Was sagt die Wissenschaft dazu?
„Die Individualität der Katzen erwies sich als signifikanter Faktor zur Beeinflussung des Verhaltens der Katze gegenüber dem Menschen, wichtiger als das Geschlecht der Katze oder Verhalten, Alter und Geschlecht der Testpersonen", fassen Eileen B. Karsh und Dennis C. Turner die Studien zur Individualität von Katzen und deren Auswirkungen auf die Mensch-Katze-Beziehung zusammen. Im Klartext heißt das: Eine prinzipiell neugierige und zugewandte Katze lässt sich von schlechten Erfahrungen mit Menschen nicht so nachhaltig beeinflussen, wie eine scheue Mieze. Insofern sind wir Menschen den Katzen ziemlich ähnlich. Jeder kennt das, dass es Kleinkinder gibt, die schon beim Anblick eines Hundes hysterisch aufschreien, während andere erfreut auf ihn zugehen. Solchen unterschiedlichen Reaktionen liegen nicht einmal schlimme Vorerfahrungen zugrunde. Sie

Den Charakter vom Papa. Ein menschenfreundlicher Katzenvater zeugt eben solchen Nachwuchs. Wer eine Katze kauft, sollte sich daher eher nach dem Charakter des Vaters erkundigen als nach dem der Mutter. Doch leider wissen die Züchter meist kaum etwas über das Wesen des Deckkaters.

sind einfach da. Ein besonders ängstliches Kind hat vielleicht auch eine ängstliche Mutter. Es kann jedoch auch in dieser Hinsicht völlig normal reagierende Geschwister haben.

Charaktermerkmale So ist auch die Persönlichkeitsforschung bei Katzen nicht einfach. Und die Wissenschaftler sind froh, wenn es ihnen gelingt, eine Anzahl von Tieren unabhängig voneinander in die gleichen Persönlichkeitstypen einzuteilen. Denn nur, wenn ein und dasselbe Tier von mehreren Menschen unabhängig gleich beschrieben wird, kann man davon ausgehen, dass es sich um echte Charaktermerkmale handelt und nicht, dass die Katze jedem Forscher ein anderes Verhalten präsentiert, je nachdem, wen sie mag oder nicht.

Persönlichkeit Der Ansatz, die Persönlichkeit eines Tieres stärker in Betracht zu ziehen, ist relativ neu. In früheren Forschungen ging es vor allem um die artspezifischen Verhaltensweisen, um das, was für eine Katze normal ist. Die Spannbreite, die sich dabei zeigt, ergibt sich durch die individuell unterschiedlichen Verhaltensweisen, die oft sehr erheblich sein können. Deshalb ist das „Normale" bisweilen kaum noch zu benennen. Denn es gibt unter Katzen extrovertierte und introvertierte, gesellige und ungesellige, neugierige und verschlafene, heikle und verfressene, ruhige und laute, aggressive und schmusige, ausgeglichene und unausgeglichene, usw. Solche Unterschiede sind manchmal aus den Aufzuchtbedingungen und Lebensumständen von Katzen erklärbar, oft jedoch auch nicht.

WICHTIG

Individualität

Individualität indes ist nicht messbar. Es sind einzelne Merkmale, die man in bestimmten Situationen erkennen kann. Entweder man beobachtet die Katzen in ihrem natürlichen Umfeld, oder man schafft eine bzw. mehrere Situationen und sieht zu, wie die Katzen sich darin verhalten. Dass man auch ganz einfach die Halter befragen könnte, ist den Forschern in der Regel zu unwissenschaftlich.

Vererbung Hier nimmt man schließlich an, dass es sich um Erbanlagen handelt, die die Individualität mitprägen, in welcher Intensität, weiß man jedoch bis heute weder bei Menschen, noch beim Tier. Wie stark das Merkmal Menschenfreundlichkeit vererbt werden kann, zeigte eine Studie von Dennis C. Turner, Zürich, auf verblüffende Weise: In zwei Kolonien von Freilauftieren hatten die als besonders freundlich eingestuften Katzen alle denselben Vater, mit dem keine von ihnen jemals Kontakt hatte, wie das bei Katzen so üblich ist. Die Menschenfreundlichkeit ließ sich deutlich dem gemeinsamen Vater zuordnen, wurde also direkt vererbt und kann auch nicht die Folge einer gemeinsamen Erziehung sein, denn es handelte sich um verschiedene Würfe verschiedener Katzen.

Für jede Rasse eine Klasse?

Studien über die charakterlichen Besonderheiten und Unterschiede der Katzenrassen gibt es bislang nur wenige. Die amerikanischen Forscher Ben Hart und seine Frau erstellten für die bekanntesten Katzen Rassenprofile, wobei sie sich jedoch nicht auf eigene Beobachtungen stützten, sondern Rassenexperten, Showrichter und Tierärzte befragten. Es wundert somit nicht, dass die Siamkatzen als geschwätzig und extrovertiert beschrieben werden, die Perser als lethargisch und zurückhaltend. Dies sind nur einige Merkmale von den als extrem verschieden geltenden Rassen Perser und Siam im Vergleich zur Hauskatze. Diese Ergebnisse bestätigen im Grunde nur das, was die Züchter und Halter dieser Rassen immer schon beobachtet haben, nämlich dass die Siam gesprächig, lebhaft und sehr anhänglich ist, während die Perser von ruhiger und gemütlicher Natur ist.

Charaktereigenschaften Dr. Dennis C. Turner, Zürich, wollte z. B. die oft beschriebene Wasserfreude der

***Bekannt und doch unerforscht.** Dass verschiedene Rassen auch unterschiedliche Wesensmerkmale vererben, ist für die Rassekatzenfreunde eine sichere Erkenntnis. Doch wissenschaftlich ist es nur bei Siam und Perser einmal nachgewiesen worden.*

Die Somalikatzen gelten als lebhaft, extrovertiert, zugewandt und dominant. Liegt's an der Rasse oder spielt die Fellfarbe hier eine große Rolle? Alle Somalis tragen, unabgängig ob braun, rotbraun, creme usw., eine Haarbänderung, d.h. einen Wechsel von dunkel und hell auf jedem einzelnen Haar.

Van-Katzen nachweisen. Dies gelang nur insofern, als dass diese Katzen öfter am Wasser spielten und die Nähe des Wassers aufsuchten als die Vergleichstiere. Zum Schwimmen konnte sich keine der Van-Katzen entschließen. Das hat natürlich enttäuscht, ändert andererseits auch nichts am Ruf der Van-Katzen, begeisterte Wasserplantscher zu sein. Es gibt ja auch Fotos von Exemplaren, die das tun und diese prägen sich mehr ein als Ergebnisse, die die Wasserfreude nur halbherzig belegen. Das, was Forscher, Züchter und letztlich die Halter wollen, nämlich eine Rassekatze mit vorhersehbarem Charakter, das ist ein schwieriges Geschäft. Denn darauf, dass sich eine Eigenschaft ganz sicher vererbt, darauf kann man in der Regel keine Garantie geben.

Showwesen Man darf dabei auch nicht vergessen, dass sich Züchter fast nur auf die äußeren Merkmale konzentrieren und den Charakter ihrer Katzen als gegeben ansehen. Das Wesen beschreiben sie häufig nur, um die Jungtiere gut verkaufen zu können. Aber eine gezielte Selektion von Charakterzügen findet nicht statt, da die Show-Richter vor allem die Schönheit bewerten. Es soll auch hier ein paar Ausnahmen geben.

Fellfarbe und Charakter

Forscher Einfacher wäre es, wenn man den Charakter anhand optischer Merkmale sehen könnte. Über den Umweg der Fellfarbe gibt es hier einige Ansätze. Es sind jedoch nur wenige Merkmale nachweisbar mit Charaktereigenschaften verbunden, z.B. erkannten die Forscher, dass weiße Katzen mit blauen Augen besonders schüchtern sind – eine eher logische Folge ihrer Taubheit, die häufig bei weißen Katzen auftritt. So ist das also kein sehr schlüssiger Beweis für eine direkte Verknüpfung von Fellfarbe und Charakter.

Züchter Fragt man hingegen die Züchter, so wissen sie dazu viel mehr zu sagen. Leider betreffen deren Beobachtungen nur die jeweilige Rasse und möglicherweise sogar nur eine spezielle Zuchtlinie. Ob beispielsweise eine lebhafte Sealpoint-Siam noch auffällige Gemeinsamkeiten mit einer ruhigen Perser-Colourpoint derselben Fellfarbe aufweist, wird sich kaum feststellen lassen, auch nicht mit wissenschaftlichen Methoden.

Katzenhalter Und fragt man schließlich die Halter selbst, bekommt man sogar für Katzen einer bestimmten Rasse ganz unterschiedliche Farbcharaktere zu hören. Manchmal gelten rote Katzen als temperamentvolle Hexen, dann wieder als sanft und „rot, wie die Liebe". Mal sind schwarze Katzen kleine Teufel, dann wieder besonders gutmütige Patrone.

Machos und Zicken – *Wie viel das Geschlecht ausmacht*

Menschenfreundlich sind Kater und Katzen gleichermaßen, doch gibt es Unterschiede im Detail, und darüber haben Forscher schon einiges herausgefunden. Schon bei den Katzenkindern zeigen sich Auffälligkeiten. Weibliche Kätzchen öffnen z. B. ihre Augen früher als männliche. Beim Spielen sieht man junge weibliche Katzen unter 14 Wochen mehr miteinander raufen als ihre Brüder, die eher dem Objektspiel zugetan sind.

Geschlechterunterschiede Bei einer Umfrage von Bruce Fogle über Rassenmerkmale, ergaben sich recht aufschlussreiche Angaben zu den Geschlechterunterschieden. Besonders fällt auf, dass das Geschlecht weniger Einfluss auf das Verhalten hat als der Umstand, ob ein Tier kastriert ist.

Einfluss von Kastration Zum Beispiel lassen sich kastrierte Tiere gleich gerne anfassen, bei den potenten waren die Kater unnahbarer als die Weibchen. Nach der Kastration kommen alle Katzen mehr zum Schmusen als vorher, doch Kater noch mehr als Katzen.
Vor der Kastration sind Weibchen freundlicher zu anderen Katzen als Kater, nach der Kastration dreht sich das Blatt zugunsten der Kater. Vor der Kastration sind Katzen viel verspielter als Kater, danach spielen alle gleich viel und sogar mehr als zuvor. Weibchen sind viel reinlicher als Kater, sobald diese jedoch kastriert sind, putzen sie sich genauso viel wie die Katzen.

Zum Weiterlesen

... finden Sie hier Ratgeber und Sachbücher über Katzen aus dem Kosmos-Verlag:

Bailey, Gwen:
Was denkt meine Katze. Katzenverhalten auf einen Blick.

Becvar, Dr.med.vet. Wolfgang:
Naturheilkunde für Katzen. Grundlagen, Methoden, Krankheitsbilder.

Bessant, Claire:
Die Geheimnisse der Katzensprache.

Brehmer, Marion:
Bach-Blüten für die Katzenseele.

Cryer, Max:
Kosmos Katzen Sammelsurium.

Dr. Wolf:
Tiersprechstunde für Katzen.

Grimm, Hannelore:
Kätzchen. Halten & pflegen, verstehen & beschäftigen.

Grimm, Hannelore:
Glückliche Wohnungskatzen.

Halls, Vicky:
Die Katzenflüsterin. Erfolgreiche Kommunikation, vertrauensvolles Miteinander.

Halls, Vicky:
Neues von der Katzenflüsterin. Die Geheimnisse der Katzenseele erforschen.

Johnson, Pam:
Katzenpsychologie. Ratschläge und Erfahrungen einer Katzenpsychologin.

Kraa, Gisela:
Bach-Blüten für Katzen.

Lauer, Isabella:
Meine Katze.

Lauer, Isabella:
Populäre Irrtümer über Katzen.

Lauer, Isabella:
Zwei Katzen – doppeltes Glück. Auswahl, Eingewöhnung und harmonisches Zusammenleben.

Lauer, Isabella:
Warum Katzen immer auf den Pfoten landen. 222 Fragen und Antworten rund um die Katze.

Leyhausen, Paul:
Katzenseele. Wesen und Sozialverhalten.

Metz, Gabriele:
Katzen. Was Samtpfoten glücklich macht.

Metz, Gabriele:
Katzenrassen.

Rüegg, Kathrin:
Kathrin Rüeggs Katzengeschichten.

Seidl, Denise:
Mit Katzen leben. Richtig pflegen, füttern und beschäftigen. 2007.

Seidl, Denise:
Wenn meine Katze Probleme macht. Katzenverhalten verstehen, Probleme lösen.

Tellington-Jones, Linda:
TTouch für Katzen. Sanfte Berührungen für Harmonie, Gesundheit und Wohlbefinden.

Thies, Dagmar:
Rassekatzen züchten. Vererbung, Partnerwahl, Rassen der Welt.

Turner, Dr.med.vet. Dennis:
Turners Katzenbuch.

Turner, Dr. med. vet. Dennis:
Katzen lieben und verstehen. Ein humorvoller Wegweiser für Katzenfreunde.

Twardokus, Petra:
Coaching für Katzenhal-

ter. Die goldenen Regeln der Katzenpsychologin.

Whitehead, Sarah: Das Katzenbuch für Kids. So fühlt sich deine Katze wohl.

Adressen

Deutscher Edelkatzen-Züchterverband e.V. (DEKZV)
Berliner Str. 13
35614 Asslar
Tel. 0 64 41 – 84 79
www.dekzv.de

Deutsche Edelkatze e.V.
Geisbergstr. 2
45139 Essen
Tel. 02 01 – 55 57 24
www.deutsche-edelkatze.de

Deutsche Rassekatzen-Union e.V. (DRU)
Hauptstr. 56
56814 Landkern
Tel. 0 26 53 – 62 07
www.dru.de

Süddeutscher Rassekatzen-Verband e.V. (SDRV)
Von Eichendorffstr. 2b
85221 Dachau
Tel. 0 81 31 – 31 11 38
www.sdrv.de

Österreichischer Verband für die Zucht und Haltung von Edelkatzen (ÖVEK)
Liechtensteinstr. 126
A – 1090 Wien
Tel.: 01 – 3 19 64 23
www.oevek.at

Klub der Katzenfreunde Österreichs (KKÖ)
Castellezgasse 8/1
A – 1020 Wien
Tel. 01- 2 14 78 60
www.kkoe.org

Féderation Féline Helvétique (FFH)
Solothurner Str. 83
CH – 4053 Basel
Tel. 0 61 – 3 61 70 64
www.ffh.ch

Bildnachweis

Farbfotos von Heike Erdmann (16): 33 oben, 49, 68 beide, 84 beide, 85 beide, 122, 132 rechts, 135, 145 rechts, 172, 191, 234; Thomas Gretler (7): 6, 17 beide, 28 links, 46 rechts, 62, 114; Hannelore Grimm (48): S. 4 beide, 5 oben, 7, 18 beide, 19, 20, 32 beide, 33unten, 39 alle drei, 40, 42 beide, 43, 44 beide, 45 beide, 46 unten, 57 beide, 58, 59 beide, 60, 74 beide, 75 beide, 77, 80, 81, 83 beide, 87 links, 90 beide, 91 beide, 108, 109, 112, 113, 240; Gabriele Metz (58): 50, 117, 118, 119, 123, 126, 129, 131, 132 links, 138, 139, 140, 142, 148, 149, 152, 153, 154, 161 links, 164, 165, 167, 173, 178, 179, 180, 181, 192, 193, 202, 206, 207, 209, 212, 213, 214, 215, 216, 220, 223, 224, 225, 226, 227, 228, 230, 231, 232; Christof Salata/Kosmos (3): 65, 67, 110; Ulrike Schanz (89): 5 unten, 8, 9, 10, 11, 12, 13 unten, 14, 15, 16, 21, 22, 24, 26, 27, 28 rechts, 29, 30, 31, 34, 35, 35, 36, 37, 38, 41, 46 links, 47, 48, 51, 52, 53, 54, 55, 56, 61, 63, 64, 66, 69, 70, 71, 72, 73, 76, 78, 79, 82, 87 rechts, 89, 90 unten, 92, 93, 95 unten, 96, 97, 98, 100, 103, 104, 105, 106, 107, 110, 115, 116 beide, 117, 118, Schnurrtipp, 124, 125, 130, 133, 136, 158, 162, 163, 169, 174, 175, 176, 182, 184, 195, 201, 208, 211, 218, 219; Annerose Schatter/Kosmos (4): 94 alle drei, 95 oben; Marianne Sock (21): S. 128, 141, 145 links, 147, 150, 151, 156, 160, 161 rechts, 170, 171, 177, 184, 186, 187, 188, 190, 196, 198, 199, 204.

Register

Umschlag von eStudio Calamar unter Verwendung eines Farbfotos von Juniors/Schanz (Vorderseite) und Ulrike Schanz (Rückseite).

Mit 248 Farbfotos (Bildnachweis auf Seite 235).

Gedruckt auf chlorfrei gebleichtem Papier

Das Buch ist ein Doppelband aus den beiden aktualisierten Werken „So fühlt sich meine Katze wohl“ von Hannelore Grimm,

und „Wenn Katzen reden könnten“ von Isabella Lauer,

ISBN 978-3-440-11447-6
Redaktion des Doppelbandes: Angela Beck
Gestaltungskonzept: eStudio Calamar
Produktion: Eva Schmidt
Printed in The Czech Republic / Imprimé en République Tchèque